穴埋め式 線形代数

らくらくワークブック

藤田岳彦・
石井昌宏 著

講談社サイエンティフィク

序文——手を動かしてみよう

大学1，2年次で学ぶ数学は，普通「微分積分」，「線形代数」，経済・商学などの社会科学系では，さらに「確率」，「統計」である．特に，「微分積分」と「線形代数」は，すべての数学の基礎となる重要な科目だと言える．

数学は，大学の授業を聞いたり，教科書を漫然と読んでいるだけでは，なかなか身につかない．日本の場合，大学教育では，諸外国に比べて演習の時間が少ない．そこで，授業だけでなく自習学習が必要になる．問題を解いて，自分が理解しているかどうかを確かめるというやり方が最もよいと思われる．

ところが，それに気づいたとしても，何からはじめたらよいのかわからないかもしれないし，演習書を選ぶにしても，何を選び，どう手をつけていいのかわからないかもしれない．そこで，「とりあえず」と，はじめやすい問題集があるとよいのではないか．

エンピツを持って，自分で手を動かし書き込む．演習不足を補おうというものである．

数学については，いくら理論を自分でわかったつもりになっていても，自分の手を動かすことができなければ，仕方がないし，意味がない．逆に，問題を見て，手を動かし，答えをあわせ，修正をするということを繰り返していけば，必ずわかってくるものであるとも言えるのだ．

このような発想のもと，このたび，「微分積分」，「線形代数」，「確率・統計」，「統計数理」のワークブックが企画された．

作り手側としては，まず，「定義と公式」のところで，公式を理解し（場合によっては，授業で使っている教科書や参考書で，その意味や意義，証明の復習を行い），「公式の使い方（例）」となっている例題を理解する．次に本当に理解したかどうかを穴埋め式になっている「やってみましょう」で確かめて，さらに各章の練習問題に取り組む．それができるようになれば，十分にその科目を理解し，使いこなせるようになったと実感ができるはず…という意図をもって，各章をほぼこの構成で組み立てた．もちろん，本の読み方が読者の自由であるように，このワークブックも使い手の自由に使ってもらってかまわない．たとえば，全体をざっと見通すために，「公式の使い方（例）」「やってみましょう」だけを一通りやった後，自分の必要に応じた分だけ，練習問題をやるなど，やり方はいろいろあると思う．

この「線形代数」のワークブックは，一橋大学の「線形代数Ｉ・II」での題材をもとに，より広い読者の必要を満たすよう工夫しながら構成されている．

前半部分では，行列と連立1次方程式，掃き出し法，行列式など，後半部分では，線形空間，1次独立，基底，固有値問題，スペクトル分解，2次形式とその応用などを詳しく述べた．特に，社会科学や自然科学への線形代数の応用では，行列の n 乗や行列の指数関数が必要になることが多い．従来の線形代数の教科書では，与えられた行列が対角化できない場合には，ジョルダン標準形を用いてそれらを計算することが多いように思われる．しかし，必ずしもそれは絶対に必要というわけではなく，スペクトル分解，一般化スペクトル分解がわかれば十分なので，その計算のやり方がよく理解できるように工夫した．

徹底的に手を動かしてみようというのが，本書の特徴でもあるから，がんばって，本書を利用し，大学数学の基本である「線形代数」をマスターしてほしい．純粋数学，応用数学にかかわらず「線形代数」は必須で，本書から習得した知識や手法をぜひ生かしてもらいたいものである．

このワークブックを作る際，TeX での原稿作成を藤田ゼミの大学院生グループ（玉井君，コン君，安藤君，臼田君，横谷君，能城君）に手伝っていただきました．また，講談社サイエンティフィクの瀬戸晶子さんには企画の段階から大変お世話になりました．ここに感謝いたします．

2003 年秋 国立にて

藤 田 岳 彦
石 井 昌 宏

目次

1　行列の定義と演算

定義

行列

自然数 m，n に対し，$m\times n$ 個の数 $a_{ij}(i=1,\ 2,\ \cdots,\ m\ ;\ j=1,\ 2,\ \cdots,\ n)$ を次のように縦 m 個，横 n 個の長方形に並べた表

$$\begin{pmatrix} a_{11} & a_{12} & \cdots & a_{1n} \\ a_{21} & a_{22} & \cdots & a_{2n} \\ \vdots & \vdots & & \vdots \\ a_{m1} & a_{m2} & \cdots & a_{mn} \end{pmatrix}$$

を m 行 n 列の行列 (matrix)，$m\times n$ 型の行列，$m\times n$ 行列，$(m,\ n)$ 行列などといいます．この行列を A で表すことにします．A を構成する mn 個の数を行列の成分といいます．特に，上から i 番目，左から j 番目の成分 a_{ij} を A の $(i,\ j)$成分といいます．Aの成分の横 1 列の並び，

$$(a_{i1}\ \ a_{i2}\ \cdots\ a_{in})\qquad (i=1,\ 2,\ \cdots,\ m)$$

を A の行といい，上から i 番目の行を A の第 i 行といいます．A の成分の縦 1 列の並び

$$\begin{pmatrix} a_{1j} \\ a_{2j} \\ \vdots \\ a_{mj} \end{pmatrix}\qquad (j=1,\ 2,\ \cdots,\ n)$$

を A の列といい，左から j 番目の列を A の第 j 列といいます．この行列 A を $(a_{ij})_{m\times n}$，(a_{ij}) などと略記することもあります．

行列が等しい

2 つの行列 A, B が等しいというのは，A の行数と B の行数が等しく A の列数と B の列数が等しい(このとき A と B は同じ型の行列であるといいます)，かつ，対応する成分がすべて等しいことと定義します．このとき，$A=B$ と表記します．

どちらが「行」でどちらが「列」かに慣れるまで，いろいろな覚え方があるようですが，図 1.1 のような覚え方も古くから有名で，これは，後に積を考えるときにも役に立ちます．

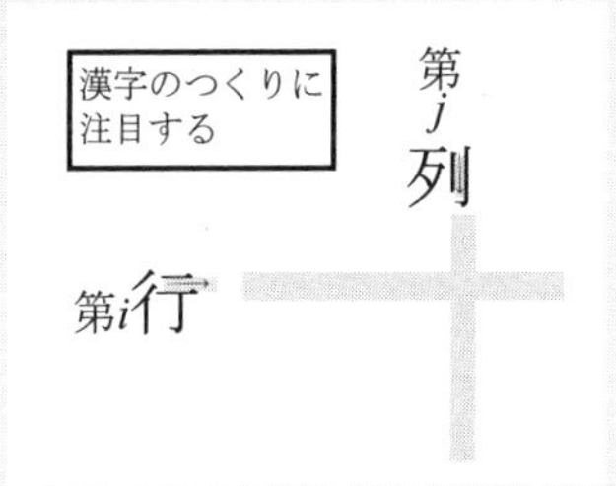

図 1.1　行と列

零行列

すべての成分が0である行列を零行列といい，O で表すことにします．一般には，零行列の型は明らかな場合が多いのですが，特にその零行列が m 行 n 列であることを明示したいときには $O_{m,n}$ と書くことにします．たとえば，

$$O=O_{3,2}=\begin{pmatrix} 0 & 0 \\ 0 & 0 \\ 0 & 0 \end{pmatrix},\quad O=O_{3,4}=\begin{pmatrix} 0 & 0 & 0 & 0 \\ 0 & 0 & 0 & 0 \\ 0 & 0 & 0 & 0 \end{pmatrix}$$

「零」という文字は本来は「れい」と読むのですが，ほとんどの場合，この文字を書いて「ゼロぎょうれつ」と読んでいます．

です．

正方行列

$n\times n$ 行列を n 次正方行列といいます．正方行列 $A=(a_{ij})_{n\times n}$ において，左上から右下への対角線上に並ぶ成分 a_{11}，a_{22}，…，a_{nn} を対角成分といいます．正方行列のうち，対角成分以外の成分がすべて0である行列を対角行列といいます．たとえば，

$$A=\begin{pmatrix} 1 & 4 & 7 \\ 2 & 5 & 8 \\ 3 & 6 & 9 \end{pmatrix},\quad B=\begin{pmatrix} 1 & 0 & 0 \\ 0 & 5 & 0 \\ 0 & 0 & 9 \end{pmatrix},\quad C=\begin{pmatrix} 1 & 0 & 0 \\ 0 & 5 & 0 \\ 0 & 0 & 0 \end{pmatrix}$$

とすれば，A，B，C はすべて3次正方行列であり，特に，B と C は対角行列です．

トレース

さらに，n 次正方行列 $A=(a_{ij})_{n\times n}$ の対角成分の和 $a_{11}+a_{22}+\cdots+a_{nn}$ を A のトレースといい，$\mathrm{tr}(A)$ で表します．たとえば，上記の3次正方行列の例 A，B，C では，

$$\mathrm{tr}(A)=1+5+9=15,\quad \mathrm{tr}(B)=1+5+9=15,\quad \mathrm{tr}(C)=1+5+0=6.$$

単位行列

対角成分がすべて1である対角行列を単位行列といい，E で表すことにします．特に，その単位行列の次数が n であることを明示したいときには E_n と表記します．たとえば，

$$E=E_2=\begin{pmatrix} 1 & 0 \\ 0 & 1 \end{pmatrix},\quad E=E_3=\begin{pmatrix} 1 & 0 & 0 \\ 0 & 1 & 0 \\ 0 & 0 & 1 \end{pmatrix}$$

です．

転置行列

$m\times n$ 行列 $A=(a_{ij})_{m\times n}$ の行と列を入れかえてできる $n\times m$ 行列 $B=(b_{ij})_{n\times m}$，$b_{ij}=a_{ji}$ を A の転置行列といい，${}^{t}A$ と表します．たとえば，

$$A=\begin{pmatrix} 1 & -2 \\ -4 & 3 \\ 5 & -6 \end{pmatrix} \quad \text{ならば} \quad {}^tA=\begin{pmatrix} 1 & -4 & 5 \\ -2 & 3 & -6 \end{pmatrix}$$

対称行列

正方行列 A が $A={}^tA$ を満たすとき，A を対称行列といいます．たとえば，

$$\begin{pmatrix} 1 & -2 \\ -2 & 3 \end{pmatrix}, \begin{pmatrix} 1 & -4 & 5 \\ -4 & 3 & 2 \\ 5 & 2 & -6 \end{pmatrix}$$

などは対称行列です．

上3角行列・下3角行列

n 次正方行列 $A=(a_{ij})_{n\times n}$ において，$a_{ij}=0\,(i>j)$ であるとき A を上3角行列といい，$a_{ij}=0\,(i<j)$ であるとき A を下3角行列といいます．たとえば，

$$A=\begin{pmatrix} 1 & -4 & 5 \\ 0 & 3 & 2 \\ 0 & 0 & -6 \end{pmatrix}, \quad B=\begin{pmatrix} 1 & 0 & 0 \\ -4 & 3 & 0 \\ 5 & 2 & -6 \end{pmatrix}$$

とすれば，A は上3角行列であり，B は下3角行列です．

行ベクトル・列ベクトル

$1\times n$ 行列を n 次の行ベクトル，$m\times 1$ 行列を m 次の列ベクトルといいます．たとえば，$(1\ \ -4\ \ 5)$ は3次の行ベクトル，$\begin{pmatrix} 1 \\ -2 \end{pmatrix}$ は2次の列ベクトルです．

行ベクトルについては，$(1,\ -4,\ 5)$ のように成分の間にコンマを書くことがよくあります．厳密なルールがあるわけではないですが，習慣としては，行列として扱うときにはコンマなしで，ベクトルとして扱うときにはコンマを入れることが多いようです．行列の成分 a_{ij} の i と j の間にコンマを書く人もいます．本質的な違いはないので，状況によって，ほかの意味に誤解される可能性が高そうなときにはコンマを入れる，程度のラフな認識で十分でしょう．

例・1

定義を確認しましょう．

$$A=\begin{pmatrix}1 & 3 & 5\\ 2 & 4 & 6\end{pmatrix}$$

とします．次の問いに答えてください．

(1) 行列 A の型をいいましょう．　(2) 行列 A の $(1,\ 3)$ 成分，$(2,\ 2)$ 成分をいいましょう．

(3) 行列 A の第 2 行，第 1 列をいいましょう．　(4) 行列 A の転置行列 ${}^tA$ を求めましょう．

答え

(1) A は 2×3 型です．　(2) A の $(1,\ 3)$ 成分は 5，A の $(2,\ 2)$ 成分は 4 です．

(3) A の第 2 行は $(2\ \ 4\ \ 6)$，A の第 1 列は $\begin{pmatrix}1\\ 2\end{pmatrix}$ です．　(4) ${}^tA=\begin{pmatrix}1 & 2\\ 3 & 4\\ 5 & 6\end{pmatrix}$

定義

行列の和

$m\times n$ 行列 $A=(a_{ij})_{m\times n}$ と $B=(b_{ij})_{m\times n}$ に対し，A と B の和を

$$\begin{pmatrix}a_{11}+b_{11} & a_{12}+b_{12} & \cdots & a_{1n}+b_{1n}\\ a_{21}+b_{21} & a_{22}+b_{22} & \cdots & a_{2n}+b_{2n}\\ \vdots & \vdots & & \vdots\\ a_{m1}+b_{m1} & a_{m2}+b_{m2} & \cdots & a_{mn}+b_{mn}\end{pmatrix}$$

と定義し，これを $A+B$ で表します．

スカラー倍

数(スカラー) c に対して，A の c 倍を

$$\begin{pmatrix}ca_{11} & ca_{12} & \cdots & ca_{1n}\\ ca_{21} & ca_{22} & \cdots & ca_{2n}\\ \vdots & \vdots & & \vdots\\ ca_{m1} & ca_{m2} & \cdots & ca_{mn}\end{pmatrix}$$

と定義し，これを cA で表します．また，$(-1)A$ を $-A$ と書くことにします．

例・2

定義に従って計算をしてみましょう．

$$A=\begin{pmatrix} 6 & 4 & -5 \\ -1 & 2 & 3 \end{pmatrix},\quad B=\begin{pmatrix} -8 & 2 & 3 \\ 6 & 3 & 2 \end{pmatrix}$$

に対し，$A+B$，$3A$，$-B$ を求めましょう．

答え

$$A+B=\begin{pmatrix} -2 & 6 & -2 \\ 5 & 5 & 5 \end{pmatrix},\quad 3A=\begin{pmatrix} 18 & 12 & -15 \\ -3 & 6 & 9 \end{pmatrix},\quad -B=\begin{pmatrix} 8 & -2 & -3 \\ -6 & -3 & -2 \end{pmatrix}$$

定義

行列の積

$l\times m$ 行列 $A=(a_{ij})_{l\times m}$ と $m\times n$ 行列 $B=(b_{ij})_{m\times n}$ に対し，A と B の積を

$$\begin{pmatrix} \sum_{k=1}^{m} a_{1k}b_{k1} & \sum_{k=1}^{m} a_{1k}b_{k2} & \cdots & \sum_{k=1}^{m} a_{1k}b_{kn} \\ \sum_{k=1}^{m} a_{2k}b_{k1} & \sum_{k=1}^{m} a_{2k}b_{k2} & \cdots & \sum_{k=1}^{m} a_{2k}b_{kn} \\ \vdots & \vdots & & \vdots \\ \sum_{k=1}^{m} a_{lk}b_{k1} & \sum_{k=1}^{m} a_{lk}b_{k2} & \cdots & \sum_{k=1}^{m} a_{lk}b_{kn} \end{pmatrix}$$

と定義し，それを AB で表します．AB は $l\times n$ 行列です．

行列の積では，「行」「列」の順に着目します．つまり，積の $(i,\ j)$ 成分は，左側の行列の第 i 行と右側の行列の第 j 列から求められます．

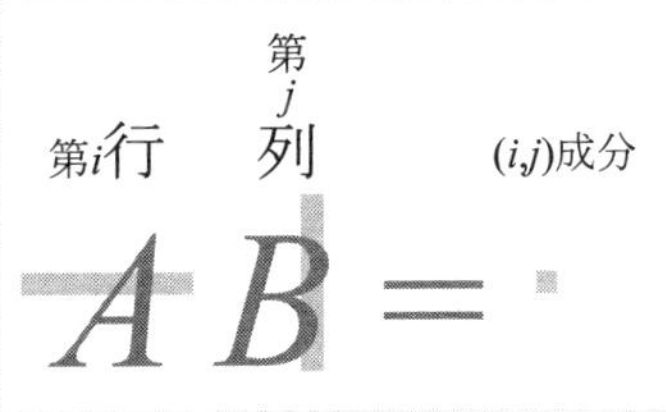

図 1.2 行列の積

2 つの行列 A と B の積 AB が定義されても，BA が定義されるとは限りません．もし，BA が定義されたとしても，それが AB と一致するとは限りません．ただし，2 つの正方行列 A と B が $AB=BA$ を満たすならば，A と B は可換であるといいます．

例・3

定義に従って次の計算をしましょう．

(1) $\begin{pmatrix} 1 & 3 \\ 2 & -4 \end{pmatrix}\begin{pmatrix} 5 & -6 \\ 0 & 7 \end{pmatrix}$ (2) $\begin{pmatrix} 5 & -6 \\ 0 & 7 \end{pmatrix}\begin{pmatrix} 1 & 3 \\ 2 & -4 \end{pmatrix}$

(3) $\begin{pmatrix} 1 & 2 & -4 \\ 2 & -3 & 1 \end{pmatrix}\begin{pmatrix} 3 & 5 & 1 \\ 4 & 1 & 5 \\ 1 & 2 & 3 \end{pmatrix}$

(1)と(2)を計算すると一般には $AB=BA$ が成り立つものではないことが実感できるでしょう．(3)は，行列の順番を入れかえると，積の定義ができなくなってしまうような例です．

答え

(1) $\begin{pmatrix}1 & 3\\ 2 & -4\end{pmatrix}\begin{pmatrix}5 & -6\\ 0 & 7\end{pmatrix}=\begin{pmatrix}1\cdot5+3\cdot0 & 1\cdot(-6)+3\cdot7\\ 2\cdot5+(-4)\cdot0 & 2\cdot(-6)+(-4)\cdot7\end{pmatrix}=\begin{pmatrix}5 & 15\\ 10 & -40\end{pmatrix}$

(2) $\begin{pmatrix}5 & -6\\ 0 & 7\end{pmatrix}\begin{pmatrix}1 & 3\\ 2 & -4\end{pmatrix}=\begin{pmatrix}5\cdot1+(-6)\cdot2 & 5\cdot3+(-6)\cdot(-4)\\ 0\cdot1+7\cdot2 & 0\cdot3+7\cdot(-4)\end{pmatrix}=\begin{pmatrix}-7 & 39\\ 14 & -28\end{pmatrix}$

(3) $\begin{pmatrix}1 & 2 & -4\\ 2 & -3 & 1\end{pmatrix}\begin{pmatrix}3 & 5 & 1\\ 4 & 1 & 5\\ 1 & 2 & 3\end{pmatrix}$

$=\begin{pmatrix}1\cdot3+2\cdot4+(-4)\cdot1 & 1\cdot5+2\cdot1+(-4)\cdot2 & 1\cdot1+2\cdot5+(-4)\cdot3\\ 2\cdot3+(-3)\cdot4+1\cdot1 & 2\cdot5+(-3)\cdot1+1\cdot2 & 2\cdot1+(-3)\cdot5+1\cdot3\end{pmatrix}=\begin{pmatrix}7 & -1 & -1\\ -5 & 9 & -10\end{pmatrix}$

定義と公式

定理1

A，B，C は行列，c，d は数とします．このとき，次の演算法則が成り立ちます．

(結合法則)　$(A+B)+C=A+(B+C)$,

(交換法則)　$A+B=B+A$,

$c(A+B)=cA+cB$，$(c+d)A=cA+dA$,

$(cd)A=c(dA)$，$1A=A$，$0A=O$,

$AE=EA=A$，$AO=OA=O$,

(結合法則)　$(AB)C=A(BC)$,

(分配法則)　$A(B+C)=AB+AC$，$(A+B)C=AC+BC$,

ただし，各等式において両辺とも定義されているとします．

定理2

A，B は行列，c は数とします．このとき，次の(1)，(2)，(3)，(4)が成り立ちます．

(1)　${}^t(A+B)={}^tA+{}^tB$　(2)　${}^t({}^tA)=A$　(3)　${}^t(cA)=c\,{}^tA$　(4)　${}^t(AB)={}^tB\,{}^tA$

定義

$s-1$ 本の横線と $t-1$ 本の縦線により，$l\times m$ 行列 $A=(a_{ij})_{l\times m}$ を st 個の行列に分割します．これを行列の分割といいます．上から p 番目で左から q 番目の行列を A_{pq} で表せば，

$$A=\begin{pmatrix}A_{11} & A_{12} & \cdots & A_{1t}\\ A_{21} & A_{22} & \cdots & A_{2t}\\ \vdots & \vdots & & \vdots\\ A_{s1} & A_{s2} & \cdots & A_{st}\end{pmatrix} \tag{1.1}$$

です．

定理3

$l \times m$ 行列 $A=(a_{ij})_{l\times m}$ が(1.1)のように st 個の行列に分割され，各 $p=1, 2, \cdots, s$，各 $q=1, 2, \cdots, t$ について，A_{pq} は $l_p \times m_q$ 行列とします．ただし，

$$l=l_1+l_2+\cdots+l_s,$$
$$m=m_1+m_2+\cdots+m_t$$

です．さらに，$m \times n$ 行列 $B=(b_{ij})_{m\times n}$ を

$$B=\left(\begin{array}{c:c:c:c} B_{11} & B_{12} & \cdots & B_{1u} \\ \hdashline B_{21} & B_{22} & \cdots & B_{2u} \\ \hdashline \vdots & \vdots & & \vdots \\ \hdashline B_{t1} & B_{t2} & \cdots & B_{tu} \end{array}\right)$$

tu 個の行列に分割します．ただし，各 $q=1, 2, \cdots, t$，各 $r=1, 2, \cdots, u$ について，B_{qr} は $m_q \times n_r$ 行列とし，

$$m=m_1+m_2+\cdots+m_t,$$
$$n=n_1+n_2+\cdots+n_u$$

とします．このとき，

$$AB=\begin{pmatrix} \sum_{q=1}^{t} A_{1q}B_{q1} & \sum_{q=1}^{t} A_{1q}B_{q2} & \cdots & \sum_{q=1}^{t} A_{1q}B_{qu} \\ \sum_{q=1}^{t} A_{2q}B_{q1} & \sum_{q=1}^{t} A_{2q}B_{q2} & \cdots & \sum_{q=1}^{t} A_{2q}B_{qu} \\ \vdots & \vdots & & \vdots \\ \sum_{q=1}^{t} A_{sq}B_{q1} & \sum_{q=1}^{t} A_{sq}B_{q2} & \cdots & \sum_{q=1}^{t} A_{sq}B_{qu} \end{pmatrix}$$

が成り立ちます．

定理3の主張は，A，B を分割してできた行列を“各行列の成分(数)”であるかのように考えて行列の積を実行することにより積 AB を求めることができる，ということです．

公式の使い方(例)

次の行列 A，B の積 AB を与えられた行列の分割を用いて求めてみましょう．

$$A=\left(\begin{array}{cc|cc} 2 & 0 & 1 & 0 \\ 0 & 1 & 3 & 1 \\ \hline 0 & 5 & 0 & 0 \end{array}\right),\quad B=\left(\begin{array}{c|cc} -4 & -1 & 2 \\ 3 & 0 & 2 \\ \hline 5 & 2 & 0 \\ 1 & 0 & 2 \end{array}\right)$$

答え

$$\begin{pmatrix} \begin{pmatrix} 2 & 0 \\ 0 & 1 \end{pmatrix}\begin{pmatrix} -4 \\ 3 \end{pmatrix}+\begin{pmatrix} 1 & 0 \\ 3 & 1 \end{pmatrix}\begin{pmatrix} 5 \\ 1 \end{pmatrix} & \begin{pmatrix} 2 & 0 \\ 0 & 1 \end{pmatrix}\begin{pmatrix} -1 & 2 \\ 0 & 2 \end{pmatrix}+\begin{pmatrix} 1 & 0 \\ 3 & 1 \end{pmatrix}\begin{pmatrix} 2 & 0 \\ 0 & 2 \end{pmatrix} \\ (0 \quad 5)\begin{pmatrix} -4 \\ 3 \end{pmatrix}+(0 \quad 0)\begin{pmatrix} 5 \\ 1 \end{pmatrix} & (0 \quad 5)\begin{pmatrix} -1 & 2 \\ 0 & 2 \end{pmatrix}+(0 \quad 0)\begin{pmatrix} 2 & 0 \\ 0 & 2 \end{pmatrix} \end{pmatrix}=\left(\begin{array}{c|cc} -3 & 0 & 4 \\ 19 & 6 & 4 \\ \hline 15 & 0 & 10 \end{array}\right)$$

やってみましょう

① 以下の行列に対して(1)〜(9)を求めましょう.

$$A=\begin{pmatrix} 8 & 7 & -7 & 3 \\ -5 & 6 & 0 & 0 \\ 3 & 3 & 1 & 8 \end{pmatrix}\quad B=\begin{pmatrix} 0 & 0 & 6 & 2 \\ 7 & -2 & 1 & 0 \\ 8 & 3 & -5 & -1 \end{pmatrix}\quad C=\begin{pmatrix} 2 & 7 & 4 \\ -4 & 0 & 1 \\ 0 & 5 & 0 \end{pmatrix}$$

(1) $A+B$ (2) $A-B$ (3) CA (4) CB (5) $A{}^tB$ (6) ${}^t(B{}^tA)+C$ (7) $CA-3B$
(8) ${}^tCB+2A$ (9) ${}^tAC-{}^tB$

(1)

$$\begin{pmatrix} \square & \square & \square & \square \\ \square & \square & \square & \square \\ \square & \square & \square & \square \end{pmatrix}$$

(2)

$$\begin{pmatrix} \square & \square & \square & \square \\ \square & \square & \square & \square \\ \square & \square & \square & \square \end{pmatrix}$$

(3)

$$\begin{pmatrix} \square & \square & \square & \square \\ \square & \square & \square & \square \\ \square & \square & \square & \square \end{pmatrix}$$

(4)

$$\begin{pmatrix} \square & \square & \square & \square \\ \square & \square & \square & \square \\ \square & \square & \square & \square \end{pmatrix}$$

(5)

$${}^tB=\begin{pmatrix} \square & \square & \square \\ \square & \square & \square \\ \square & \square & \square \\ \square & \square & \square \end{pmatrix},\quad A{}^tB=\begin{pmatrix} \square & \square & \square \\ \square & \square & \square \\ \square & \square & \square \end{pmatrix}$$

(6)

$$^t(B\,{}^tA)+C={}^t(\square)\,{}^t\square+C=\square\,{}^t\square+C=\begin{pmatrix}\square&\square&\square\\\square&\square&\square\\\square&\square&\square\end{pmatrix}$$

(7)

$$\begin{pmatrix}\square&\square&\square&\square\\\square&\square&\square&\square\\\square&\square&\square&\square\end{pmatrix}$$

(8)

$$^tCB+2A=\begin{pmatrix}\square&\square&\square&\square\\\square&\square&\square&\square\\\square&\square&\square&\square\end{pmatrix}+\begin{pmatrix}\square&\square&\square&\square\\\square&\square&\square&\square\\\square&\square&\square&\square\end{pmatrix}$$

$$=\begin{pmatrix}\square&\square&\square&\square\\\square&\square&\square&\square\\\square&\square&\square&\square\end{pmatrix}$$

(9)

$$^tAC-{}^tB=\begin{pmatrix}\square\end{pmatrix}-\begin{pmatrix}\square\end{pmatrix}=\begin{pmatrix}\square\end{pmatrix}$$

② 次の行列の積を与えられた行列の分割を用いて求めましょう.

$$\left(\begin{array}{ccc:cc}1&0&0&2&-1\\0&1&0&1&3\\\hdashline 0&0&0&5&0\\0&0&-4&0&-5\end{array}\right)\left(\begin{array}{cc}-8&7\\-6&3\\1&2\\\hdashline 3&6\\1&-5\end{array}\right)$$

$$
=\begin{pmatrix}
\begin{pmatrix}\square&\square&\square\\\square&\square&\square\end{pmatrix}\begin{pmatrix}\square&\square\\\square&\square\\\square&\square\end{pmatrix}+\begin{pmatrix}\square&\square\\\square&\square\end{pmatrix}\begin{pmatrix}\square&\square\\\square&\square\end{pmatrix}\\
\begin{pmatrix}\square&\square&\square\\\square&\square&\square\end{pmatrix}\begin{pmatrix}\square&\square\\\square&\square\\\square&\square\end{pmatrix}+\begin{pmatrix}\square&\square\\\square&\square\end{pmatrix}\begin{pmatrix}\square&\square\\\square&\square\end{pmatrix}
\end{pmatrix}
$$

$$
=\begin{pmatrix}
\begin{pmatrix}\square&\square\\\square&\square\end{pmatrix}+\begin{pmatrix}\square&\square\\\square&\square\end{pmatrix}\\
\begin{pmatrix}\square&\square\\\square&\square\end{pmatrix}+\begin{pmatrix}\square&\square\\\square&\square\end{pmatrix}
\end{pmatrix}
=\left(\begin{array}{cc}\square&\square\\\square&\square\\\hdashline\square&\square\\\square&\square\end{array}\right)
$$

練習問題

①

$$
A=\begin{pmatrix}3&0&-7&1\\-1&2&0&-2\\2&0&3&4\end{pmatrix}\quad B=\begin{pmatrix}5&0&-2&4\\1&0&-6&0\\-3&1&-1&0\end{pmatrix}\quad C=\begin{pmatrix}3&0&1\\0&-4&1\\0&0&1\end{pmatrix}
$$

以下の(1)～(9)を求めよ．

(1) $A+B$ (2) $A-B$ (3) CA (4) CB (5) $B\,{}^tA$ (6) ${}^tAB$

(7) ${}^tAC-2\cdot{}^tB$ (8) $\mathrm{tr}({}^tAB)+\mathrm{tr}(C)$ (9) $\mathrm{tr}(B\,{}^tAC)$

② A，B は n 次正方行列，c はある実数とする．このとき以下(1)，(2)，(3)，(4)が成り立つことを示せ．

(1) $\mathrm{tr}(A+B)=\mathrm{tr}(A)+\mathrm{tr}(B)$ (2) $\mathrm{tr}(cA)=c\cdot\mathrm{tr}(A)$ (3) $\mathrm{tr}({}^tA)=\mathrm{tr}(A)$

(4) $\mathrm{tr}(AB)=\mathrm{tr}(BA)$

③ A，B は下 3 角行列，c，d はある実数とする．このとき，cA，$cA+dB$，AB は下 3 角行列になることを示せ．

④ 次の行列の積を与えられた行列の分割を用いて求めよ．

(1) $\left(\begin{array}{cc:cc} -2 & 6 & 0 & 0 \\ 5 & 0 & 0 & 0 \\ \hdashline 1 & 0 & 3 & -2 \\ 0 & 1 & 2 & -4 \end{array}\right)\left(\begin{array}{cc:cc} 7 & -6 & 1 & 0 \\ -9 & 1 & 0 & 1 \\ \hdashline 0 & 0 & 0 & 3 \\ 0 & 0 & -5 & -1 \end{array}\right)$ (2) $\left(\begin{array}{cc:ccc} 0 & -1 & 2 & 1 & 0 \\ \hdashline 3 & 0 & 0 & 1 & 0 \\ 0 & 1 & -2 & 0 & 3 \end{array}\right)\left(\begin{array}{cc} 2 & 0 \\ 0 & 2 \\ \hdashline 1 & 0 \\ -2 & 5 \\ 3 & 0 \end{array}\right)$

答え

やってみましょうの答え

(1) $\begin{pmatrix} 8 & 7 & -1 & 5 \\ 2 & 4 & 1 & 0 \\ 11 & 6 & -4 & 7 \end{pmatrix}$ (2) $\begin{pmatrix} 8 & 7 & -13 & 1 \\ -12 & 8 & -1 & 0 \\ -5 & 0 & 6 & 9 \end{pmatrix}$ (3) $\begin{pmatrix} -7 & 68 & -10 & 38 \\ -29 & -25 & 29 & -4 \\ -25 & 30 & 0 & 0 \end{pmatrix}$

(4) $\begin{pmatrix} 81 & -2 & -1 & 0 \\ 8 & 3 & -29 & -9 \\ 35 & -10 & 5 & 0 \end{pmatrix}$ (5) ${}^tB=\begin{pmatrix} 0 & 7 & 8 \\ 0 & -2 & 3 \\ 6 & 1 & -5 \\ 2 & 0 & -1 \end{pmatrix}$, $A{}^tB=\begin{pmatrix} -36 & 35 & 117 \\ 0 & -47 & -22 \\ 22 & 16 & 20 \end{pmatrix}$

(6) ${}^t(B{}^tA)+C={}^t(\boxed{{}^tA})\,{}^t\boxed{B}+C=\boxed{A}\,{}^t\boxed{B}+C=\begin{pmatrix} -34 & 42 & 121 \\ -4 & -47 & -21 \\ 22 & 21 & 20 \end{pmatrix}$

(7) $\begin{pmatrix} -7 & 68 & -28 & 32 \\ -50 & -19 & 26 & -4 \\ -49 & 21 & 15 & 3 \end{pmatrix}$

(8) ${}^tCB+2A=\begin{pmatrix} -28 & 8 & 8 & 4 \\ 40 & 15 & 17 & 9 \\ 7 & -2 & 25 & 8 \end{pmatrix}+\begin{pmatrix} 16 & 14 & -14 & 6 \\ -10 & 12 & 0 & 0 \\ 6 & 6 & 2 & 16 \end{pmatrix}=\begin{pmatrix} -12 & 22 & -6 & 10 \\ 30 & 27 & 17 & 9 \\ 13 & 4 & 27 & 24 \end{pmatrix}$

(9) ${}^tAC-{}^tB=\begin{pmatrix} 36 & 71 & 27 \\ -10 & 64 & 34 \\ -14 & -44 & -28 \\ 6 & 61 & 12 \end{pmatrix}-\begin{pmatrix} 0 & 7 & 8 \\ 0 & -2 & 3 \\ 6 & 1 & -5 \\ 2 & 0 & -1 \end{pmatrix}=\begin{pmatrix} 36 & 64 & 19 \\ -10 & 66 & 31 \\ -20 & -45 & -23 \\ 4 & 61 & 13 \end{pmatrix}$

②

$$\begin{pmatrix} \begin{pmatrix} 1 & 0 & 0 \\ 0 & 1 & 0 \end{pmatrix}\begin{pmatrix} -8 & 7 \\ -6 & 3 \\ 1 & 2 \end{pmatrix}+\begin{pmatrix} 2 & -1 \\ 1 & 3 \end{pmatrix}\begin{pmatrix} 3 & 6 \\ 1 & -5 \end{pmatrix} \\ \begin{pmatrix} 0 & 0 & 0 \\ 0 & 0 & -4 \end{pmatrix}\begin{pmatrix} -8 & 7 \\ -6 & 3 \\ 1 & 2 \end{pmatrix}+\begin{pmatrix} 5 & 0 \\ 0 & -5 \end{pmatrix}\begin{pmatrix} 3 & 6 \\ 1 & -5 \end{pmatrix} \end{pmatrix}$$

$$=\begin{pmatrix} \begin{pmatrix} \boxed{-8} & \boxed{7} \\ \boxed{-6} & \boxed{3} \end{pmatrix} + \begin{pmatrix} \boxed{5} & \boxed{17} \\ \boxed{6} & \boxed{-9} \end{pmatrix} \\ \begin{pmatrix} \boxed{0} & \boxed{0} \\ \boxed{-4} & \boxed{-8} \end{pmatrix} + \begin{pmatrix} \boxed{15} & \boxed{30} \\ \boxed{-5} & \boxed{25} \end{pmatrix} \end{pmatrix} = \left(\begin{array}{cc} \boxed{-3} & \boxed{24} \\ \boxed{0} & \boxed{-6} \\ \hdashline \boxed{15} & \boxed{30} \\ \boxed{-9} & \boxed{17} \end{array}\right)$$

練習問題の答え

①

(1) $\begin{pmatrix} 8 & 0 & -9 & 5 \\ 0 & 2 & -6 & -2 \\ -1 & 1 & 2 & 4 \end{pmatrix}$ (2) $\begin{pmatrix} -2 & 0 & -5 & -3 \\ -2 & 2 & 6 & -2 \\ 5 & -1 & 4 & 4 \end{pmatrix}$ (3) $\begin{pmatrix} 11 & 0 & -18 & 7 \\ 6 & -8 & 3 & 12 \\ 2 & 0 & 3 & 4 \end{pmatrix}$

(4) $\begin{pmatrix} 12 & 1 & -7 & 12 \\ -7 & 1 & 23 & 0 \\ -3 & 1 & -1 & 0 \end{pmatrix}$ (5) $\begin{pmatrix} 33 & -13 & 20 \\ 45 & -1 & -16 \\ -2 & 5 & -9 \end{pmatrix}$ (6) $\begin{pmatrix} 8 & 2 & -2 & 12 \\ 2 & 0 & -12 & 0 \\ -44 & 3 & 11 & -28 \\ -9 & 4 & 6 & 4 \end{pmatrix}$

(7) $\begin{pmatrix} -1 & 2 & 10 \\ 0 & -8 & 0 \\ -17 & 12 & -2 \\ -5 & 8 & 3 \end{pmatrix}$ (8) 23 (9) 97

② $A=(a_{ij})$, $B=(b_{ij})$とする．

(1) $\mathrm{tr}(A+B)=\sum_{i=1}^{n}(a_{ii}+b_{ii})=\sum_{i=1}^{n}(a_{ii})+\sum_{i=1}^{n}(b_{ii})=\mathrm{tr}(A)+\mathrm{tr}(B)$

(2) $\mathrm{tr}(cA)=\sum_{i=1}^{n}(ca_{ii})=c\sum_{i=1}^{n}a_{ii}=c\cdot\mathrm{tr}(A)$ (3) $\mathrm{tr}({}^tA)=\sum_{i=1}^{n}a_{ii}=\mathrm{tr}(A)$

(4) Aが$m\times n$行列，Bが$n\times m$行列の場合（この性質は，$m=n$でなくても成立するので）の証明を記しておく．

$$\mathrm{tr}(AB)=\sum_{i=1}^{m}\sum_{k=1}^{n}a_{ik}b_{ki}=\sum_{k=1}^{n}\sum_{i=1}^{m}b_{ki}a_{ik}=\mathrm{tr}(BA)$$

③ $A=(a_{ij}), B=(b_{ij})$とする．条件より$i<j$について，$a_{ij}=b_{ij}=0$.

cAの$(i,\ j)$成分$(i<j)$は，$ca_{ij}=0$．よって，cAは下3角行列．$cA+dB$の$(i,\ j)$成分$(i<j)$は，$ca_{ij}+db_{ij}=0$．よって，$cA+dB$は下3角行列．ABの$(i,\ j)$成分$(i<j)$は，

$\sum_{k=1}^{n}a_{ik}b_{kj}=\sum_{k=1}^{i}a_{ik}b_{kj}+\sum_{k=i+1}^{n}a_{ik}\,b_{kj}=0$（∵各$k=1, 2, \cdots, i$について$b_{kj}=0$, 各$k=i+1, i+2, \cdots, n$について$a_{ik}=0$)．よって$AB$は，下3角行列．

④

(1) $\left(\begin{array}{cc:cc} -68 & 18 & -2 & 6 \\ 35 & -30 & 5 & 0 \\ \hdashline 7 & -6 & 11 & 11 \\ -9 & 1 & 20 & 11 \end{array}\right)$ (2) $\left(\begin{array}{cc} 0 & 3 \\ \hdashline 4 & 5 \\ 7 & 2 \end{array}\right)$

2　連立1次方程式 1（掃き出し法）

ここでは，n 個の未知数 x_1，x_2，…，x_n の連立 1 次方程式

$$\begin{cases} a_{11}x_1+a_{12}x_2+\cdots+a_{1n}x_n=b_1 \\ a_{21}x_1+a_{22}x_2+\cdots+a_{2n}x_n=b_2 \\ \qquad\vdots \\ a_{m1}x_1+a_{m2}x_2+\cdots+a_{mn}x_n=b_m \end{cases} \tag{2.1}$$

の解法について考えます．ここで，

$$A=\begin{pmatrix} a_{11} & a_{12} & \cdots & a_{1n} \\ a_{21} & a_{22} & \cdots & a_{2n} \\ \vdots & \vdots & & \vdots \\ a_{m1} & a_{m2} & \cdots & a_{mn} \end{pmatrix},\ \boldsymbol{x}=\begin{pmatrix} x_1 \\ x_2 \\ \vdots \\ x_n \end{pmatrix},\ \boldsymbol{b}=\begin{pmatrix} b_1 \\ b_2 \\ \vdots \\ b_m \end{pmatrix},\ \boldsymbol{0}=\begin{pmatrix} 0 \\ 0 \\ \vdots \\ 0 \end{pmatrix}$$

とおけば，これらの記号を用いて連立 1 次方程式 (2.1) を

$$A\boldsymbol{x}=\boldsymbol{b}, \tag{2.2}$$

$$(A \,\vdots\, \boldsymbol{b})\begin{pmatrix} \boldsymbol{x} \\ -1 \end{pmatrix}=\boldsymbol{0}, \tag{2.3}$$

と書けることは明らかです．ここで，A を連立 1 次方程式 (2.1) の係数行列，$(A \,\vdots\, \boldsymbol{b})$ を連立 1 次方程式 (2.1) の拡大係数行列といいます．

ベクトルを表すのに，印刷物では，太字（ボールド），斜体（イタリック）のアルファベットがよく用いられます．手書きをするときには，図2.1のように書きます．高校までのように，矢印を記号の上に書いてもいいでしょう．

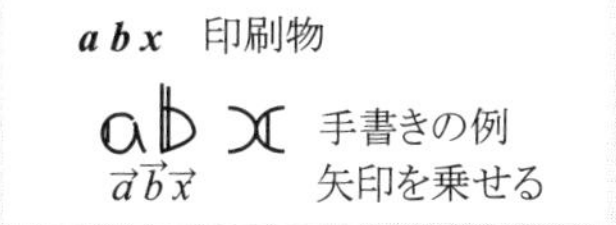

図 2.1　ベクトルの表記の例

定義

（行）　基本変形

行列の次の 3 つの変形を(行)基本変形といいます．

(i)　ある行を $c \neq 0$ 倍する．

(ii)　2 つの行を入れかえる．

(iii)　ある行を c 倍してほかの行に加える．

例

それでは連立１次方程式(2.1)の解を得るために(行)基本変形を拡大係数行列 $(A \vdots \boldsymbol{b})$ に対してどのように用いるかということを具体例により示していきます．

連立１次方程式の変形と拡大係数行列の変形の関係を初学者が理解しやすくする目的で，最初の例にはこれらの両方を併記しておきます．

以下に，(行)基本変形を用いた連立１次方程式解法(これを掃き出し法といいます)の例を示します．

① 次の連立１次方程式を解きましょう．

$$\begin{cases} x+2y-3z=3 \\ 3x+y+z=9 \\ -2x+y-z=0 \end{cases}$$

答え

$$\begin{cases} x+2y-3z=3 \\ 3x+y+z=9 \\ -2x+y-z=0 \end{cases} \qquad \left(\begin{array}{ccc|c} 1 & 2 & -3 & 3 \\ 3 & 1 & 1 & 9 \\ -2 & 1 & -1 & 0 \end{array}\right)$$

第１式を −3 倍して第２式に加える．　第１行を −3 倍して第２行に加える．

$$\begin{cases} x+2y-3z=3 \\ -5y+10z=0 \\ -2x+y-z=0 \end{cases} \qquad \left(\begin{array}{ccc|c} 1 & 2 & -3 & 3 \\ 0 & -5 & 10 & 0 \\ -2 & 1 & -1 & 0 \end{array}\right)$$

第１式を２倍して第３式に加える．　第１行を２倍して第３行に加える．

$$\begin{cases} x+2y-3z=3 \\ -5y+10z=0 \\ 5y-7z=6 \end{cases} \qquad \left(\begin{array}{ccc|c} 1 & 2 & -3 & 3 \\ 0 & -5 & 10 & 0 \\ 0 & 5 & -7 & 6 \end{array}\right)$$

第２式を第３式に加える．　第２行を第３行に加える．

$$\begin{cases} x+2y-3z=3 \\ -5y+10z=0 \\ 3z=6 \end{cases} \qquad \left(\begin{array}{ccc|c} 1 & 2 & -3 & 3 \\ 0 & -5 & 10 & 0 \\ 0 & 0 & 3 & 6 \end{array}\right)$$

第 2 式を $-\frac{1}{5}$ 倍する.

第 3 式を $\frac{1}{3}$ 倍する.

第 2 行を $-\frac{1}{5}$ 倍する.

第 3 行を $\frac{1}{3}$ 倍する.

$$\begin{cases} x+2y-3z=3 \\ \qquad y-2z=0 \\ \qquad\qquad z=2 \end{cases} \qquad \left(\begin{array}{ccc|c} 1 & 2 & -3 & 3 \\ 0 & 1 & -2 & 0 \\ 0 & 0 & 1 & 2 \end{array}\right)$$

第 2 式を -2 倍して第 1 式に加える.

第 2 行を -2 倍して第 1 行に加える.

$$\begin{cases} x \qquad +z=3 \\ \quad y-2z=0 \\ \qquad\quad z=2 \end{cases} \qquad \left(\begin{array}{ccc|c} 1 & 0 & 1 & 3 \\ 0 & 1 & -2 & 0 \\ 0 & 0 & 1 & 2 \end{array}\right)$$

第 3 式を -1 倍して第 1 式に加える.
第 3 式を 2 倍して第 2 式に加える.

第 3 行を -1 倍して第 1 行に加える.
第 3 行を 2 倍して第 2 行に加える.

$$\begin{cases} x=1 \\ y=4 \\ z=2 \end{cases} \qquad \left(\begin{array}{ccc|c} 1 & 0 & 0 & 1 \\ 0 & 1 & 0 & 4 \\ 0 & 0 & 1 & 2 \end{array}\right)$$

よって,

$$\begin{pmatrix} x \\ y \\ z \end{pmatrix} = \begin{pmatrix} 1 \\ 4 \\ 2 \end{pmatrix}.$$

② 次の連立 1 次方程式を解きましょう.

$$\begin{cases} \quad x+2y-3z=7 \\ \ 3x+\ y+\ z=11 \\ -2x+\ y-4z=-4 \end{cases}$$

答え

以下, 拡大係数行列だけを示します.

$$\left(\begin{array}{rrr:r} 1 & 2 & -3 & 7 \\ 3 & 1 & 1 & 11 \\ -2 & 1 & -4 & -4 \end{array}\right) \xrightarrow[\text{に加える.}]{\text{第 1 行を }-3\text{ 倍して第 2 行}} \left(\begin{array}{rrr:r} 1 & 2 & -3 & 7 \\ 0 & -5 & 10 & -10 \\ -2 & 1 & -4 & -4 \end{array}\right) \xrightarrow[\text{加える.}]{\text{第 1 行を 2 倍して第 3 行に}} \left(\begin{array}{rrr:r} 1 & 2 & -3 & 7 \\ 0 & -5 & 10 & -10 \\ 0 & 5 & -10 & 10 \end{array}\right)$$

$$\xrightarrow[\text{行に加える.}]{\text{第 2 行を第 3}} \left(\begin{array}{rrr:r} 1 & 2 & -3 & 7 \\ 0 & -5 & 10 & -10 \\ 0 & 0 & 0 & 0 \end{array}\right) \xrightarrow[-\frac{1}{5}\text{ 倍する.}]{\text{第 2 行を}} \left(\begin{array}{rrr:r} 1 & 2 & -3 & 7 \\ 0 & 1 & -2 & 2 \\ 0 & 0 & 0 & 0 \end{array}\right) \xrightarrow[\text{倍して第 1 行に加える.}]{\text{第 2 行を }-2} \left(\begin{array}{rrr:r} 1 & 0 & 1 & 3 \\ 0 & 1 & -2 & 2 \\ 0 & 0 & 0 & 0 \end{array}\right)$$

任意の実数 c に対して，$(3-c,\ 2+2c,\ c)$ は与えられた連立 1 次方程式を満足します．よって，$z=c$ (任意定数) とおけば，

$$\begin{pmatrix} x \\ y \\ z \end{pmatrix} = \begin{pmatrix} 3-c \\ 2+2c \\ c \end{pmatrix}.$$

③　次の連立 1 次方程式を解きましょう．

$$\begin{cases} x+2y-3z=3 \\ 3x+y+z=9 \\ -2x+y-4z=0 \end{cases}$$

答え

$$\left(\begin{array}{rrr:r} 1 & 2 & -3 & 3 \\ 3 & 1 & 1 & 9 \\ -2 & 1 & -4 & 0 \end{array}\right) \xrightarrow[\text{加える. 第 1 行を 2 倍して第 3 行に加える.}]{\text{第 1 行を }-3\text{ 倍して第 2 行に}} \left(\begin{array}{rrr:r} 1 & 2 & -3 & 3 \\ 0 & -5 & 10 & 0 \\ 0 & 5 & -10 & 6 \end{array}\right) \xrightarrow[\text{加える.}]{\text{第 2 行を第 3 行に}} \left(\begin{array}{rrr:r} 1 & 2 & -3 & 3 \\ 0 & -5 & 10 & 0 \\ 0 & 0 & 0 & 6 \end{array}\right)$$

ここで，最後の行列における第 3 行が示す式 $0=6$ は矛盾です．よって，この方程式の解は存在しません．

もう 1 度，①，②，③を見てください．それぞれ

① $\begin{pmatrix} 1 & 2 & -3 \\ 3 & 1 & 1 \\ -2 & 1 & -1 \end{pmatrix}\begin{pmatrix} x \\ y \\ z \end{pmatrix} = \begin{pmatrix} 3 \\ 9 \\ 0 \end{pmatrix}$，② $\begin{pmatrix} 1 & 2 & -3 \\ 3 & 1 & 1 \\ -2 & 1 & -4 \end{pmatrix}\begin{pmatrix} x \\ y \\ z \end{pmatrix} = \begin{pmatrix} 7 \\ 11 \\ -4 \end{pmatrix}$，

③ $\begin{pmatrix} 1 & 2 & -3 \\ 3 & 1 & 1 \\ -2 & 1 & -4 \end{pmatrix}\begin{pmatrix} x \\ y \\ z \end{pmatrix} = \begin{pmatrix} 3 \\ 9 \\ 0 \end{pmatrix}$

でした．これらの連立 1 次方程式では，①はただ 1 つの解を，②は複数の解をもち，③は解なし，でした．なぜ，このような結果の違いが生じたのでしょうか．

たとえば，

$$\begin{pmatrix} 1 & 2 & -3 \\ 3 & 1 & 1 \\ -2 & 1 & -1 \end{pmatrix}\begin{pmatrix} x \\ y \\ z \end{pmatrix}=\begin{pmatrix} 7 \\ 11 \\ -4 \end{pmatrix}$$

を解くとどうなるでしょうか．この連立１次方程式は複数の解をもつでしょうか．そうではありません．その解は $(x,\ y,\ z)=(3,\ 2,\ 0)$ です（各自で確かめてみてください）.

①と②（もちろん③も）の係数行列の違いは見た目には $(3,\ 3)$ 成分だけです．

これは見た目には小さな違いかもしれませんが，①と③とを比べると，この係数行列の $(3,\ 3)$ 成分の違いにより，①ではただ１つの解をもつにもかかわらず，③では解なしになってしまいます．

④　次の連立１次方程式を解きましょう．

$$\begin{cases} x_1+x_2+x_3+4x_4=4 \\ 2x_1+x_2+x_3+3x_4=3 \\ 5x_1-x_2+x_3-4x_4=-4 \end{cases}$$

答え

$$\left(\begin{array}{cccc|c} 1 & 1 & 1 & 4 & 4 \\ 2 & 1 & 1 & 3 & 3 \\ 5 & -1 & 1 & -4 & -4 \end{array}\right) \xrightarrow[\text{て第 2 行に加える.}]{\text{第 1 行を }-2\text{ 倍し}} \left(\begin{array}{cccc|c} 1 & 1 & 1 & 4 & 4 \\ 0 & -1 & -1 & -5 & -5 \\ 5 & -1 & 1 & -4 & -4 \end{array}\right)$$

$$\xrightarrow[\text{て第 3 行に加える.}]{\text{第 1 行を }-5\text{ 倍し}} \left(\begin{array}{cccc|c} 1 & 1 & 1 & 4 & 4 \\ 0 & -1 & -1 & -5 & -5 \\ 0 & -6 & -4 & -24 & -24 \end{array}\right) \xrightarrow[\text{行に加える.}]{\text{第 2 行を第 1}} \left(\begin{array}{cccc|c} 1 & 0 & 0 & -1 & -1 \\ 0 & -1 & -1 & -5 & -5 \\ 0 & -6 & -4 & -24 & -24 \end{array}\right)$$

$$\xrightarrow[\substack{\text{第 2 行を }-6\text{ 倍して} \\ \text{第 3 行に加える.} \\ \text{第 2 行を }-1\text{ 倍する.}}]{} \left(\begin{array}{cccc|c} 1 & 0 & 0 & -1 & -1 \\ 0 & 1 & 1 & 5 & 5 \\ 0 & 0 & 2 & 6 & 6 \end{array}\right) \xrightarrow[\substack{\text{第 3 行を }-\frac{1}{2}\text{ 倍して第 2 行に加える.} \\ \text{第 3 行を }\frac{1}{2}\text{ 倍する.}}]{} \left(\begin{array}{cccc|c} 1 & 0 & 0 & -1 & -1 \\ 0 & 1 & 0 & 2 & 2 \\ 0 & 0 & 1 & 3 & 3 \end{array}\right)$$

よって，$x_4=c$（任意定数）とおけば，

$$\begin{pmatrix} x_1 \\ x_2 \\ x_3 \\ x_4 \end{pmatrix}=\begin{pmatrix} -1+c \\ 2-2c \\ 3-3c \\ c \end{pmatrix}.$$

⑤　次の連立 1 次方程式を解きましょう．

$$\begin{cases} x_1+2x_2+x_3+6x_4=6 \\ 3x_1-x_2+10x_3-10x_4=11 \\ -2x_1+x_2-7x_3+8x_4=-7 \end{cases}$$

答え

$$\left(\begin{array}{cccc|c} 1 & 2 & 1 & 6 & 6 \\ 3 & -1 & 10 & -10 & 11 \\ -2 & 1 & -7 & 8 & -7 \end{array}\right) \xrightarrow[\text{第1行を2倍して第3行に加える.}]{\text{第1行を}-3\text{倍して第2行に加える.}} \left(\begin{array}{cccc|c} 1 & 2 & 1 & 6 & 6 \\ 0 & -7 & 7 & -28 & -7 \\ 0 & 5 & -5 & 20 & 5 \end{array}\right)$$

$$\xrightarrow[\text{第2行を}-\frac{1}{7}\text{倍する.}]{} \left(\begin{array}{cccc|c} 1 & 2 & 1 & 6 & 6 \\ 0 & 1 & -1 & 4 & 1 \\ 0 & 5 & -5 & 20 & 5 \end{array}\right) \xrightarrow[\text{第2行を}-5\text{倍して第3行に加える.}]{\text{第2行を}-2\text{倍して第1行に加える.}} \left(\begin{array}{cccc|c} 1 & 0 & 3 & -2 & 4 \\ 0 & 1 & -1 & 4 & 1 \\ 0 & 0 & 0 & 0 & 0 \end{array}\right)$$

よって，$x_3=s$，$x_4=t$ (s と t は任意定数) とおけば，

$$\begin{pmatrix} x_1 \\ x_2 \\ x_3 \\ x_4 \end{pmatrix}=\begin{pmatrix} 4-3s+2t \\ 1+s-4t \\ s \\ t \end{pmatrix}.$$

では次に，連立方程式 $A\boldsymbol{x}=\boldsymbol{b}$ において，$\boldsymbol{b}=\boldsymbol{0}$ のとき，すなわち，

$$A\boldsymbol{x}=\boldsymbol{0} \tag{2.4}$$

のときを考えます．(2.4) を同次形の連立 1 次方程式といいます．同次形の連立 1 次方程式は必ず 1 つの解 $\boldsymbol{x}=\boldsymbol{0}$ をもちます．これを自明な解といいます．さらに，$\boldsymbol{x}_1$，$\boldsymbol{x}_2$，…，$\boldsymbol{x}_k$ が (2.4) の解ならば，これらの 1 次結合

$$\lambda_1\boldsymbol{x}_1+\lambda_2\boldsymbol{x}_2+\cdots+\lambda_k\boldsymbol{x}_k$$

も (2.4) の解となることがただちにわかります．それでは，具体的に同次形の連立 1 次方程式を解いてみましょう．

⑥　次の連立 1 次方程式を解きましょう．

$$\begin{cases} x+2y-3z=0 \\ 3x+y+z=0 \\ -2x+y-z=0 \end{cases}$$

答え

$$\left(\begin{array}{ccc|c} 1 & 2 & -3 & 0 \\ 3 & 1 & 1 & 0 \\ -2 & 1 & -1 & 0 \end{array}\right) \xrightarrow[\substack{\text{第1行を}-3\text{倍して第2行に加える.} \\ \text{第1行を2倍して第3行に加える.}}]{} \left(\begin{array}{ccc|c} 1 & 2 & -3 & 0 \\ 0 & -5 & 10 & 0 \\ 0 & 5 & -7 & 0 \end{array}\right)$$

$$\xrightarrow[\substack{\text{第2行を}\frac{2}{5}\text{倍して第1行に加える.} \\ \text{第2行を第3行に加える.} \\ \text{第2行を}-\frac{1}{5}\text{倍する.}}]{} \left(\begin{array}{ccc|c} 1 & 0 & 1 & 0 \\ 0 & 1 & -2 & 0 \\ 0 & 0 & 3 & 0 \end{array}\right) \xrightarrow[\substack{\text{第3行を}-\frac{1}{3}\text{倍して第1行に加える.} \\ \text{第3行を}\frac{2}{3}\text{倍して第2行に加える.} \\ \text{第3行を}\frac{1}{3}\text{倍する.}}]{} \left(\begin{array}{ccc|c} 1 & 0 & 0 & 0 \\ 0 & 1 & 0 & 0 \\ 0 & 0 & 1 & 0 \end{array}\right)$$

よって，$x=y=z=0$.

同次形の連立１次方程式の解を求めるためには，拡大係数行列ではなく係数行列の簡約化を行えば十分であることが，この例からもわかるでしょう.

⑦　次の連立１次方程式を解きましょう.

$$\begin{cases} x+2y-3z=0 \\ 3x+y+z=0 \\ -2x+y-4z=0 \end{cases}$$

答え

$$\begin{pmatrix} 1 & 2 & -3 \\ 3 & 1 & 1 \\ -2 & 1 & -4 \end{pmatrix} \xrightarrow[\substack{\text{第1行を}-3\text{倍して第2行に加える.} \\ \text{第1行を2倍して第3行に加える.}}]{} \begin{pmatrix} 1 & 2 & -3 \\ 0 & -5 & 10 \\ 0 & 5 & -10 \end{pmatrix}$$

$$\xrightarrow[\substack{\text{第2行を第3行に加える.} \\ \text{第2行を}-\frac{1}{5}\text{倍する.}}]{} \begin{pmatrix} 1 & 2 & -3 \\ 0 & 1 & -2 \\ 0 & 0 & 0 \end{pmatrix} \xrightarrow[\substack{\text{第2行を}-2\text{倍して} \\ \text{第1行に加える.}}]{} \begin{pmatrix} 1 & 0 & 1 \\ 0 & 1 & -2 \\ 0 & 0 & 0 \end{pmatrix}$$

ここで，任意の実数 c に対して，$(-c,\ 2c,\ c)$ は与えられた連立１次方程式を満足します. よって，$z=c$ (任意定数) とおけば，

$$\begin{pmatrix} x \\ y \\ z \end{pmatrix} = \begin{pmatrix} -c \\ 2c \\ c \end{pmatrix}.$$

⑧　次の連立１次方程式を解きましょう.

$$\begin{cases} x_1+2x_2+x_3+6x_4=0 \\ 3x_1-x_2+10x_3-10x_4=0 \\ -2x_1+x_2-7x_3+8x_4=0 \end{cases}$$

答え

$$\begin{pmatrix} 1 & 2 & 1 & 6 \\ 3 & -1 & 10 & -10 \\ -2 & 1 & -7 & 8 \end{pmatrix} \xrightarrow[\text{第1行を2倍して第3行に加える.}]{\text{第1行を}-3\text{倍して第2行に加える.}} \begin{pmatrix} 1 & 2 & 1 & 6 \\ 0 & -7 & 7 & -28 \\ 0 & 5 & -5 & 20 \end{pmatrix}$$

$$\xrightarrow[\substack{\text{第2行を}-\frac{1}{7}\text{倍する.} \\ \text{第2行を}-2\text{倍して第1行に加える.} \\ \text{第2行を}-5\text{倍して第3行に加える.}}]{} \begin{pmatrix} 1 & 0 & 3 & -2 \\ 0 & 1 & -1 & 4 \\ 0 & 0 & 0 & 0 \end{pmatrix}$$

よって，$x_3=s$,　$x_4=t$ (s と t は任意定数) とおけば，

$$\begin{pmatrix} x_1 \\ x_2 \\ x_3 \\ x_4 \end{pmatrix} = \begin{pmatrix} -3s+2t \\ s-4t \\ s \\ t \end{pmatrix}.$$

やってみましょう

① 次の連立1次方程式を解きましょう．

$$\begin{pmatrix} 1 & 1 & 2 \\ 1 & 2 & 1 \\ 1 & 3 & -1 \end{pmatrix} \begin{pmatrix} x \\ y \\ z \end{pmatrix} = \begin{pmatrix} 1 \\ 3 \\ 9 \end{pmatrix}$$

（行）基本変形の順番は，必ずこのようでなければならないというものではないし，手順が異なっても，正しく変形していれば同じ結論に至るので，各々で練習をしてみてください．

$$\left(\begin{array}{ccc|c} 1 & 1 & 2 & 1 \\ 1 & 2 & 1 & 3 \\ 1 & 3 & -1 & 9 \end{array}\right)$$

↓ 第1行を -1 倍して第2行に加える．
第1行を -1 倍して第3行に加える．

$$\left(\begin{array}{ccc|c} 1 & 1 & 2 & 1 \\ \square & \square & \square & \square \\ \square & \square & \square & \square \end{array}\right)$$

↓ 第2行を $\square$ 倍して第1行に加える．

第2行を $\square$ 倍して第3行に加える．

$$\left(\begin{array}{ccc|c} 1 & 0 & \square & \square \\ \square & \square & \square & \square \\ 0 & 0 & \square & \square \end{array}\right)$$

↓ 第3行を $\square$ 倍して第1行に加える．

第3行を $\square$ 倍して第2行に加える．

第3行を $\square$ 倍する．

$$\left(\begin{array}{c|c} \square & \square \end{array}\right)$$

よって，

$$\begin{pmatrix} x \\ y \\ z \end{pmatrix} = \begin{pmatrix} \square \end{pmatrix}$$

② 次の連立1次方程式を解きましょう．

$$\begin{pmatrix} 1 & 1 & 2 \\ 1 & 2 & 1 \\ 1 & 3 & 0 \end{pmatrix} \begin{pmatrix} x \\ y \\ z \end{pmatrix} = \begin{pmatrix} 1 \\ 3 \\ 5 \end{pmatrix}$$

$$\left(\begin{array}{ccc|c} 1 & 1 & 2 & 1 \\ 1 & 2 & 1 & 3 \\ 1 & 3 & 0 & 5 \end{array}\right) \longrightarrow \left(\begin{array}{c|c} \square & \square \end{array}\right)$$

ここで，$z=c$（c は任意定数）とおくと，

$$\begin{pmatrix} x \\ y \\ z \end{pmatrix} = \begin{pmatrix} \square \\ \square \\ c \end{pmatrix}$$

③ 次の連立1次方程式を解きましょう．

$$\begin{pmatrix} 1 & 1 & 2 \\ 1 & 2 & 1 \\ 1 & 3 & 0 \end{pmatrix} \begin{pmatrix} x \\ y \\ z \end{pmatrix} = \begin{pmatrix} 1 \\ 3 \\ 9 \end{pmatrix}$$

$$\left(\begin{array}{ccc:c} 1 & 1 & 2 & 1 \\ 1 & 2 & 1 & 3 \\ 1 & 3 & 0 & 9 \end{array}\right) \longrightarrow \left(\begin{array}{ccc:c} \quad & \quad & \quad & \quad \\ & & & \\ & & & \end{array}\right)$$

よって，この連立１次方程式の解は存在しません．

④　次の連立１次方程式を解きましょう．

$$\begin{pmatrix} 1 & 3 & 5 & 3 & 0 \\ 2 & 3 & 2 & 1 & 5 \\ 1 & 2 & 6 & 5 & -2 \\ 2 & 5 & 0 & -3 & 9 \end{pmatrix}\begin{pmatrix} x_1 \\ x_2 \\ x_3 \\ x_4 \\ x_5 \end{pmatrix}=\begin{pmatrix} 4 \\ 3 \\ 6 \\ -1 \end{pmatrix}$$

$$\left(\begin{array}{ccccc:c} 1 & 3 & 5 & 3 & 0 & 4 \\ 2 & 3 & 2 & 1 & 5 & 3 \\ 1 & 2 & 6 & 5 & -2 & 6 \\ 2 & 5 & 0 & -3 & 9 & -1 \end{array}\right) \longrightarrow \left(\begin{array}{ccccc:c} \quad & \quad & \quad & \quad & \quad & \quad \\ & & & & & \\ & & & & & \\ & & & & & \end{array}\right)$$

ここで，$x_4=s$，$x_5=t$ (s，t は任意定数) とおくと，

$$\begin{pmatrix} x_1 \\ x_2 \\ x_3 \\ x_4 \\ x_5 \end{pmatrix}=\begin{pmatrix} \quad \\ \quad \\ \quad \\ s \\ t \end{pmatrix}$$

⑤　次の連立１次方程式を解きましょう．

$$\begin{pmatrix} 1 & 1 & 2 \\ 1 & 2 & 1 \\ 1 & 3 & -1 \end{pmatrix}\begin{pmatrix} x \\ y \\ z \end{pmatrix}=\begin{pmatrix} 0 \\ 0 \\ 0 \end{pmatrix}$$

$$\begin{pmatrix} 1 & 1 & 2 \\ 1 & 2 & 1 \\ 1 & 3 & -1 \end{pmatrix} \longrightarrow \begin{pmatrix} \quad & \quad & \quad \\ & & \\ & & \end{pmatrix}$$

よって，$x=y=z=0$．

練習問題

① 次の連立1次方程式を解け．

(1) $\begin{pmatrix} 2 & 1 & 1 \\ 1 & 0 & 2 \\ -1 & 3 & -5 \end{pmatrix}\begin{pmatrix} x \\ y \\ z \end{pmatrix}=\begin{pmatrix} 4 \\ 0 \\ 6 \end{pmatrix}$　　(2) $\begin{pmatrix} 2 & 1 & 1 \\ 1 & 0 & 2 \\ -1 & 3 & -5 \end{pmatrix}\begin{pmatrix} x \\ y \\ z \end{pmatrix}=\begin{pmatrix} 5 \\ 2 \\ 1 \end{pmatrix}$

(3) $\begin{pmatrix} 2 & 1 & 1 \\ 1 & 0 & 2 \\ -1 & 3 & -11 \end{pmatrix}\begin{pmatrix} x \\ y \\ z \end{pmatrix}=\begin{pmatrix} 1 \\ 1 \\ -4 \end{pmatrix}$　　(4) $\begin{pmatrix} 2 & 1 & 1 \\ 1 & 0 & 2 \\ -1 & 3 & -11 \end{pmatrix}\begin{pmatrix} x \\ y \\ z \end{pmatrix}=\begin{pmatrix} 4 \\ 0 \\ 6 \end{pmatrix}$

(5) $\begin{pmatrix} 2 & 1 & 1 \\ 1 & 0 & 2 \\ -1 & 3 & -11 \end{pmatrix}\begin{pmatrix} x \\ y \\ z \end{pmatrix}=\begin{pmatrix} 5 \\ 2 \\ 1 \end{pmatrix}$　　(6) $\begin{cases} 2x_1+5x_2+8x_3+x_4=-4 \\ 7x_1-3x_2-4x_4=14 \\ -2x_1+9x_3+11x_4=-13 \\ 8x_1+5x_3-3x_4=11 \end{cases}$

(7) $\begin{cases} x_1-3x_2+2x_3-x_4=-17 \\ x_1-2x_2+x_3=-13 \\ 2x_1+x_2-3x_3+5x_4=-6 \\ -x_1+4x_2-3x_3+2x_4=21 \end{cases}$　　(8) $\begin{cases} x_1+4x_2-2x_3+5x_4-x_5=6 \\ 2x_1+3x_2+x_3+5x_4+3x_5=2 \\ -2x_2+2x_3-2x_4+2x_5=-4 \\ -2x_1-4x_3-2x_4-6x_5=4 \end{cases}$

② ①の(1), (3), (6), (7), (8)において，定数項を0とする連立1次方程式，すなわち，同次形の連立方程式を解け．

③ 次の連立1次方程式が解をもつための α, β, γ についての条件を求めよ．

$$\begin{pmatrix} 1 & -1 & 3 \\ 1 & -2 & 4 \\ 2 & 3 & 1 \end{pmatrix}\begin{pmatrix} x \\ y \\ z \end{pmatrix}=\begin{pmatrix} \alpha \\ \beta \\ \gamma \end{pmatrix}$$

④ 次の連立1次方程式が解をもつための a についての条件を求めよ．さらに，そのときの解を求めよ．

$$\begin{pmatrix} 1 & 2 & a-4 \\ 3 & -1 & 3a+2 \\ -2 & 1 & -2a-2 \end{pmatrix}\begin{pmatrix} x \\ y \\ z \end{pmatrix}=\begin{pmatrix} 7 \\ -3a+3 \\ 1 \end{pmatrix}$$

答え

やってみましょうの答え

①

$$\left(\begin{array}{ccc:c}1&1&2&1\\1&2&1&3\\1&3&-1&9\end{array}\right)$$

↓ 第1行を −1倍して第2行に加える．
第1行を −1倍して第3行に加える．

$$\left(\begin{array}{ccc:c}1&1&2&1\\\boxed{0}&\boxed{1}&\boxed{-1}&\boxed{2}\\\boxed{0}&\boxed{2}&\boxed{-3}&\boxed{8}\end{array}\right)$$

↓ 第2行を $\boxed{-1}$ 倍して第1行に加える．
第2行を $\boxed{-2}$ 倍して第3行に加える．

$$\left(\begin{array}{ccc:c}1&0&\boxed{3}&\boxed{-1}\\\boxed{0}&\boxed{1}&\boxed{-1}&\boxed{2}\\0&0&\boxed{-1}&\boxed{4}\end{array}\right)$$

↓ 第3行を $\boxed{3}$ 倍して第1行に加える．
第3行を $\boxed{-1}$ 倍して第2行に加える．
第3行を $\boxed{-1}$ 倍する．

$$\left(\begin{array}{ccc:c}1&0&0&11\\0&1&0&-2\\0&0&1&-4\end{array}\right)$$

よって，

$$\begin{pmatrix}x\\y\\z\end{pmatrix}=\begin{pmatrix}11\\-2\\-4\end{pmatrix}.$$

②

$$\left(\begin{array}{ccc:c}1&1&2&1\\1&2&1&3\\1&3&0&5\end{array}\right)\longrightarrow\left(\begin{array}{ccc:c}1&0&3&-1\\0&1&-1&2\\0&0&0&0\end{array}\right),\quad\begin{pmatrix}x\\y\\z\end{pmatrix}=\begin{pmatrix}\boxed{-1-3c}\\\boxed{2+c}\\c\end{pmatrix}.$$

③

$$\left(\begin{array}{ccc:c}1&1&2&1\\1&2&1&3\\1&3&0&9\end{array}\right)\longrightarrow\left(\begin{array}{ccc:c}1&1&2&1\\0&1&-1&2\\0&0&0&4\end{array}\right)$$，よって，この連立1次方程式の解は存在しません．

④

$$\begin{pmatrix} 1 & 3 & 5 & 3 & 0 & \vdots & 4 \\ 2 & 3 & 2 & 1 & 5 & \vdots & 3 \\ 1 & 2 & 6 & 5 & -2 & \vdots & 6 \\ 2 & 5 & 0 & -3 & 9 & \vdots & -1 \end{pmatrix} \longrightarrow \begin{pmatrix} \boxed{\begin{matrix} 1 & 0 & 0 & 1 & 2 \\ 0 & 1 & 0 & -1 & 1 \\ 0 & 0 & 1 & 1 & -1 \\ 0 & 0 & 0 & 0 & 0 \end{matrix}} & \vdots & \boxed{\begin{matrix} 2 \\ -1 \\ 1 \\ 0 \end{matrix}} \end{pmatrix}, \quad \begin{pmatrix} x_1 \\ x_2 \\ x_3 \\ x_4 \\ x_5 \end{pmatrix} = \begin{pmatrix} \boxed{2-s-2t} \\ \boxed{-1+s-t} \\ \boxed{1-s+t} \\ s \\ t \end{pmatrix}.$$

⑤

$$\begin{pmatrix} 1 & 1 & 2 \\ 1 & 2 & 1 \\ 1 & 3 & -1 \end{pmatrix} \longrightarrow \begin{pmatrix} \boxed{\begin{matrix} 1 & 0 & 0 \\ 0 & 1 & 0 \\ 0 & 0 & 1 \end{matrix}} \end{pmatrix},$$ よって，$x=y=z=0$.

練習問題の答え

①

(1) $\begin{pmatrix} x \\ y \\ z \end{pmatrix} = \begin{pmatrix} 2 \\ 1 \\ -1 \end{pmatrix}$　(2) $\begin{pmatrix} x \\ y \\ z \end{pmatrix} = \begin{pmatrix} 2 \\ 1 \\ 0 \end{pmatrix}$　(3) $\begin{pmatrix} x \\ y \\ z \end{pmatrix} = \begin{pmatrix} 1-2c \\ -1+3c \\ c \end{pmatrix}$　ただし，c は任意定数

(4) 解なし　(5) $\begin{pmatrix} x \\ y \\ z \end{pmatrix} = \begin{pmatrix} 2-2c \\ 1+3c \\ c \end{pmatrix}$　ただし，c は任意定数

(6) $\begin{pmatrix} x_1 \\ x_2 \\ x_3 \\ x_4 \end{pmatrix} = \begin{pmatrix} 2+c \\ c \\ -1-c \\ c \end{pmatrix}$，ただし，$c$ は任意定数. (7) $\begin{pmatrix} x_1 \\ x_2 \\ x_3 \\ x_4 \end{pmatrix} = \begin{pmatrix} -5+s-2t \\ 4+s-t \\ s \\ t \end{pmatrix}$，ただし，$s$，$t$ は任意定数

(8) $\begin{pmatrix} x_1 \\ x_2 \\ x_3 \\ x_4 \\ x_5 \end{pmatrix} = \begin{pmatrix} -2-2s-t-3u \\ 2+s-t+u \\ s \\ t \\ u \end{pmatrix}$　ただし，s，t，u は任意定数

②　以下は，順に，①の(1)，(3)，(6)，(7)，(8)の係数行列をその係数行列とする同次形連立１次方程式の解である．

(1) $\begin{pmatrix} x \\ y \\ z \end{pmatrix} = \begin{pmatrix} 0 \\ 0 \\ 0 \end{pmatrix}$，(3) $\begin{pmatrix} x \\ y \\ z \end{pmatrix} = \begin{pmatrix} -2c \\ 3c \\ c \end{pmatrix}$　ただし，c は任意定数

(6) $\begin{pmatrix} x_1 \\ x_2 \\ x_3 \\ x_4 \end{pmatrix} = \begin{pmatrix} c \\ c \\ -c \\ c \end{pmatrix}$　ただし，c は任意定数　(7) $\begin{pmatrix} x_1 \\ x_2 \\ x_3 \\ x_4 \end{pmatrix} = \begin{pmatrix} s-2t \\ s-t \\ s \\ t \end{pmatrix}$　ただし，s，t は任意定数

(8) $\begin{pmatrix} x_1 \\ x_2 \\ x_3 \\ x_4 \\ x_5 \end{pmatrix} = \begin{pmatrix} -2s-t-3u \\ s-t+u \\ s \\ t \\ u \end{pmatrix}$　ただし，s，t，u は任意定数

③　与えられた連立1次方程式の拡大係数行列

$\left(\begin{array}{ccc:c} 1 & -1 & 3 & \alpha \\ 1 & -2 & 4 & \beta \\ 2 & 3 & 1 & \gamma \end{array}\right)$ に（行）基本変形を施すことで $\left(\begin{array}{ccc:c} 1 & 0 & 2 & 2\alpha-\beta \\ 0 & 1 & -1 & \alpha-\beta \\ 0 & 0 & 0 & -7\alpha+5\beta+\gamma \end{array}\right)$

を得るので，$-7\alpha+5\beta+\gamma=0$ ならば，与えられた連立1次方程式は解をもつ．

④　与えられた連立1次方程式の拡大係数行列

$\left(\begin{array}{ccc:c} 1 & 2 & \alpha-4 & 7 \\ 3 & -1 & 3\alpha+2 & -3\alpha+6 \\ -2 & 1 & -2\alpha-2 & -1 \end{array}\right)$ に（行）基本変形を施すことで

$$\left(\begin{array}{ccc:c} 1 & 0 & \alpha & 7-\frac{2}{7}(3\alpha+18) \\ 0 & 1 & -2 & \frac{1}{7}(3\alpha+18) \\ 0 & 0 & 0 & 3-\frac{1}{7}(3\alpha+18) \end{array}\right)$$

を得るので，

$3-\frac{1}{7}(3\alpha+18)=0$

すなわち，$\alpha=1$ のとき，与えられた連立1次方程式は解をもつ．このとき，その解は

$\begin{pmatrix} x \\ y \\ z \end{pmatrix} = \begin{pmatrix} 1-c \\ 3+2c \\ c \end{pmatrix}$　ただし，c は任意定数

3 連立1次方程式 2（階数）

定義と公式・1

主成分

$m\times n$ 行列 $A=(a_{ij})$ の零ベクトルでない行ベクトルにおいて，0 でない最初の成分をその行の主成分といいます．すなわち，$i=1,\ 2,\ \ldots,\ m$ とし，

$$(a_{i1}, a_{i2}, \ldots, a_{in})\neq(0,\ 0,\ \ldots,\ 0)$$

のとき，

$$a_{i1}=a_{i2}=\cdots=a_{ij_i-1}=0,\quad a_{ij_i}\neq 0$$

ならば，a_{ij_i} を第 i 行の主成分といいます．

たとえば，以下の行列では $\boxed{}$ で囲った部分が各行の主成分です．

$$\begin{pmatrix} \boxed{1} & 0 & 2 & -2 \\ 0 & 0 & \boxed{3} & 5 \\ 0 & \boxed{4} & -1 & 0 \end{pmatrix},\quad \begin{pmatrix} 0 & 0 & 0 & 0 & 0 \\ \boxed{3} & 0 & -2 & -4 & 5 \\ \boxed{8} & -1 & 1 & 0 & 7 \end{pmatrix}$$

簡約な行列

$m\times n$ 行列 $A=(a_{ij})$ が次の (1)，(2)，(3)，(4) を満たすとき，A を簡約な行列（階段行列）といいます．

(1)　m 個の行ベクトルの中に零ベクトルが存在すれば，それは零ベクトルではない行ベクトルよりも下にある．

(2)　A の第 1 行から第 r 行までが零ベクトルでないとし，各 $i=1,\ 2,\ \ldots,\ r$ について第 i 行の主成分を a_{ij_i} で表すと，

$$j_1<j_2<\cdots<j_r$$

である．

(3)　各 $i=1,\ 2,\ \ldots,\ r$ について，$a_{ij_i}=1$．

(4)　主成分のある列に注目すると，その列では主成分以外は 0．

たとえば，以下の行列は簡約な行列の例です．

$$E_n,\ O_{m,n},\ \begin{pmatrix}1&0&0&0\\0&1&0&0\\0&0&1&0\\0&0&0&0\end{pmatrix},\ \begin{pmatrix}0&1&0&9&0\\0&0&1&6&0\\0&0&0&0&1\\0&0&0&0&0\end{pmatrix},\ \begin{pmatrix}0&0&1&9&8&0&5\\0&0&0&0&0&1&2\\0&0&0&0&0&0&0\\0&0&0&0&0&0&0\end{pmatrix}$$

ここで，次の定理を述べておきましょう．

定理 1

任意の行列 A に対して，(行)基本変形を何回か施すことにより A を簡約な行列 B に変形でき，さらに，A に対して B は一意に定まります．なお，A に(行)基本変形を何回か施し B を得ることを A の簡約化といいます．

階数

行列 A を簡約化して行列 B を得たとします．このとき B の零ベクトルでない行ベクトルの個数を A の階数といい，それを $\mathrm{rank}(A)$ で表します．

ここで，定理 1 により各行列 A に対してそれを簡約化した行列 B がただ 1 つ定まることが保証されているので，A の階数は A だけに依存して定まり，A への(行)基本変形の施し方に依存しないことに注意しておきます．

定理 2

任意の $m\times n$ 行列 A に対して，

$$\mathrm{rank}(A)\leq\min(m,\ n).$$

例

① 次の行列を簡約化し，その階数を求めましょう．

$$A=\begin{pmatrix}0&1&0&2&6\\1&1&5&3&4\\1&1&4&5&7\end{pmatrix}$$

答え

$$\begin{pmatrix}0&1&0&2&6\\1&1&5&3&4\\1&1&4&5&7\end{pmatrix}\xrightarrow[\text{を入れかえる.}]{\text{第1行と第2行}}\begin{pmatrix}1&1&5&3&4\\0&1&0&2&6\\1&1&4&5&7\end{pmatrix}\xrightarrow[\text{第3行に加える.}]{\text{第1行を}-1\text{倍して}}\begin{pmatrix}1&1&5&3&4\\0&1&0&2&6\\0&0&-1&2&3\end{pmatrix}$$

$$\xrightarrow[\text{第1行に加える.}]{\text{第2行を}-1\text{倍して}}\begin{pmatrix}1&0&5&1&-2\\0&1&0&2&6\\0&0&-1&2&3\end{pmatrix}\xrightarrow[\text{第3行を}-1\text{倍する.}]{\text{第3行を5倍して第1行に加える.}}\begin{pmatrix}1&0&0&11&13\\0&1&0&2&6\\0&0&1&-2&-3\end{pmatrix}$$

よって，rank$(A)=3$．

> 先に注意したように(行)基本変形のやり方が異なっても，結論は同じになりますので，各々で練習をしてみてください．

やってみましょう

① 次の行列を簡約化し，その階数を求めましょう．

$$A=\begin{pmatrix} 0 & 1 & 2 & 1 \\ 1 & -1 & -3 & -3 \\ 3 & 0 & -3 & 1 \\ 1 & -2 & -5 & -4 \end{pmatrix} \longrightarrow \begin{pmatrix} \quad & & & \\ & & & \\ & & & \\ & & & \end{pmatrix}$$

よって，rank$(A)=\square$．

練習問題

① 次の行列を簡約化し，その階数を求めよ．

(1) $A=\begin{pmatrix} 3 & 1 \\ -6 & -2 \end{pmatrix}$，(2) $A=\begin{pmatrix} 1 & 2 & 6 \\ 0 & -1 & 3 \\ 1 & 1 & 9 \\ 2 & 5 & 12 \end{pmatrix}$，(3) $A=\begin{pmatrix} 1 & 3 & 2 & 1 & 2 \\ 0 & 1 & 1 & 1 & 0 \\ 1 & -2 & -3 & -4 & 2 \\ 2 & 0 & -2 & 1 & -1 \end{pmatrix}$

② 第 2 章の「例」①，②，④，⑤において，その係数行列の階数を求めよ．

③ 第 2 章の「例」①，②，③，④，⑤において，その拡大係数行列の階数を求めよ．

④ 第 2 章の「やってみましょう」①，②，④において，その係数行列の階数を求めよ．

⑤ 第 2 章の「やってみましょう」①，②，③，④において，その拡大係数行列の階数を求めよ．

⑥ 第 2 章の練習問題①(1)，(3)，(6)，(7)，(8)において，その係数行列の階数を求めよ．

⑦ 第 2 章の練習問題①(1)，(2)，(3)，(4)，(5)，(6)，(7)，(8)において，その拡大係数行列の階数を求めよ．

定義と公式・2

上の練習問題②～⑦を解いた読者は，連立 1 次方程式に解が存在する場合の「係数行列の階数と拡大係数行列の階数の関係」，および，その解がただ 1 つだけ存在する場合の「係数行列の階数と拡大係数行列の階数の関係」についてのある予想をしているのではないでしょうか．その予想が正しいかどうかに答える意味でも，もちろん，その重要性からも以下の定理を述べておきます．

定理 3

A を $m\times n$ 行列，$\boldsymbol{b}$ を m 次列ベクトルとする．連立 1 次方程式 $A\boldsymbol{x}=\boldsymbol{b}$ が解をもつ必要十分条件は，

$$\mathrm{rank}\,[(A \mid \boldsymbol{b})]=\mathrm{rank}\,(A)$$

です．

定理 4

A を $m\times n$ 行列，$\boldsymbol{b}$ を m 次列ベクトルとする．連立 1 次方程式 $A\boldsymbol{x}=\boldsymbol{b}$ にただ 1 つの解が存在する必要十分条件は，

$$\mathrm{rank}\,[(A \mid \boldsymbol{b})]=\mathrm{rank}\,(A)=n$$

です．

定理 5

A を $m\times n$ 行列とし，$r=\mathrm{rank}\,(A)$ とおきます．このとき，同次形連立 1 次方程式 $A\boldsymbol{x}=\boldsymbol{0}$ は $n-r$ 個の任意定数で表される自明でない解をもちます．

答え

やってみましょうの答え

$$\begin{pmatrix} 0 & 1 & 2 & 1 \\ 1 & -1 & -3 & -3 \\ 3 & 0 & -3 & 1 \\ 1 & -2 & -5 & -4 \end{pmatrix} \longrightarrow \left(\boxed{\begin{matrix} 1 & 0 & -1 & 0 \\ 0 & 1 & 2 & 0 \\ 0 & 0 & 0 & 1 \\ 0 & 0 & 0 & 0 \end{matrix}}\right)$$

よって，$\mathrm{rank}\,(A)=\boxed{3}$．

練習問題の答え

① (1) $\mathrm{rank}\,(A)=1$，(2) $\mathrm{rank}\,(A)=3$，(3) $\mathrm{rank}\,(A)=3$

② ①，②，④，⑤の順で，3，2，3，2．

③ ①，②，③，④，⑤の順で，3，2，3，3，2．

④ ①，②，④の順で，3，2，3．

⑤ ①，②，③，④の順で，3，2，3，3．

⑥ (1)，(3)，(6)，(7)，(8)の順で，3，2，3，2，2．

⑦ (1)，(2)，(3)，(4)，(5)，(6)，(7)，(8)の順で，3，3，2，3，2，3，2，2．

4 連立1次方程式3(正則行列)

ここでは，正則行列の定義および逆行列の求め方を説明していきます．

定義

正則行列・逆行列

n 次正方行列 A に対し，$BA=AB=E$ となる行列 B が存在するとき，A を正則行列といいます．この B を A の逆行列といいます．

A の逆行列が存在するのであれば，それはただ1つです．実際，B と C が A の逆行列とすると，

$$B=BE=B(AC)=(BA)C=EC=C$$

となります．これより，A の逆行列を A^{-1} で表すことにします．

例

A を n 次正方行列とします．このとき，以下を示してください．

(1) A が正則行列ならば，A^{-1} も正則行列で，$(A^{-1})^{-1}=A$.

(2) A が正則行列ならば，${}^tA$ も正則行列で，$({}^tA)^{-1}={}^t(A^{-1})$.

(3) A が正則かつ対称行列ならば，A^{-1} も対称行列である．

(4) A，B が正則行列ならば，AB も正則行列で，$(AB)^{-1}=B^{-1}A^{-1}$.

答え

(1) 逆行列の定義より，$A^{-1}A=AA^{-1}=E$ です．これは A^{-1} が正則行列であり，かつ，A が A^{-1} の逆行列であることを表しています．

(2) $A^{-1}A=AA^{-1}=E$ より，

$${}^t(A^{-1}A)={}^t(AA^{-1})={}^tE$$
$${}^tA\,{}^t(A^{-1})={}^t(A^{-1})\,{}^tA=E$$

第1章定理2(4)を用います

を得ます．これより，${}^tA$ も正則行列であり $({}^tA)^{-1}={}^t(A^{-1})$ です．

(3) (2)と ${}^tA=A$ を用いると，${}^t(A^{-1})=({}^tA)^{-1}=A^{-1}$ を得ます．

(4) $B^{-1}A^{-1}AB=ABB^{-1}A^{-1}=E$ より AB は正則行列であり，$(AB)^{-1}=B^{-1}A^{-1}$ です．

定義と公式

定理 1

n 次正方行列 A に対し，ある n 次正方行列 B が存在し，$BA=E$（または $AB=E$）を満たせば，A は正則行列です．このとき，$B=A^{-1}$ です．

定理 2

n 次正方行列 A に対し，以下の(1)，(2)，(3)，(4)は同値です．

(1) A は正則行列．

(2) A の階数は n．

(3) 任意の n 次列ベクトル $\boldsymbol{b}$ に対し，連立 1 次方程式 $A\boldsymbol{x}=\boldsymbol{b}$ はただ 1 つの解をもつ．

(4) 連立 1 次方程式 $A\boldsymbol{x}=\boldsymbol{0}$ の解は自明な解 $\boldsymbol{x}=\boldsymbol{0}$ に限る．

逆行列の求め方

では，逆行列の求め方を説明しましょう．

n 次正方行列 A は正則行列とし，各 $j=1,\ 2,\ \cdots,\ n$ について，n 次単位行列の第 j 列を $\boldsymbol{e}_j$ とおきます．ここで，各 $j=1,\ 2,\ \cdots,\ n$ について，定理 2 により連立 1 次方程式

$$A\boldsymbol{x}=\boldsymbol{e}_j \tag{4.1}$$

の解はただ 1 つ存在します．それを $\boldsymbol{x}_j$ で表すと，

$$A(\boldsymbol{x}_1\ \boldsymbol{x}_2\ \cdots\ \boldsymbol{x}_n)=(\boldsymbol{e}_1\ \boldsymbol{e}_2\ \cdots\ \boldsymbol{e}_n)=E$$

です．したがって，定理 1 により

$$A^{-1}=(\boldsymbol{x}_1\ \boldsymbol{x}_2\ \cdots\ \boldsymbol{x}_n)$$

を得ます．以上により，A の逆行列を求めるには，連立 1 次方程式 (4.1) を解けばよいことになります．その具体的手順は，拡大係数行列 $(A \,\vdots\, \boldsymbol{e}_j)$ に対して（行）基本変形を用いて $(E \,\vdots\, \boldsymbol{x}_j)$ を得ることです．以上より，$n\times 2n$ 行列 $(A \,\vdots\, \boldsymbol{e}_1\ \boldsymbol{e}_2\ \cdots\ \boldsymbol{e}_n)=(A \,\vdots\, E)$ に対して（行）基本変形を用いることで，

$$(E \,\vdots\, \boldsymbol{x}_1\ \boldsymbol{x}_2\ \cdots\ \boldsymbol{x}_n)=(E \,\vdots\, A^{-1})$$

を得ることができます．

また 2×2 行列，$A=\begin{pmatrix} a & b \\ c & d \end{pmatrix}$ については，$ad-bc\neq 0$ ならば，

$$A^{-1}=\frac{1}{ad-bc}\begin{pmatrix} d & -b \\ -c & a \end{pmatrix}$$

です.

公式の使い方（例）

次の各行列の逆行列を求めましょう.

(1) $\begin{pmatrix} 1 & 2 & -3 \\ 3 & 1 & 1 \\ -2 & 1 & -1 \end{pmatrix}$ (2) $\begin{pmatrix} 1 & -2 & 2 & 0 \\ 0 & 2 & 0 & 2 \\ 0 & 0 & -3 & 3 \\ -1 & 3 & 0 & 1 \end{pmatrix}$

(1)

$$\left(\begin{array}{ccc|ccc} 1 & 2 & -3 & 1 & 0 & 0 \\ 3 & 1 & 1 & 0 & 1 & 0 \\ -2 & 1 & -1 & 0 & 0 & 1 \end{array}\right) \longrightarrow \left(\begin{array}{ccc|ccc} 1 & 2 & -3 & 1 & 0 & 0 \\ 0 & -5 & 10 & -3 & 1 & 0 \\ 0 & 5 & -7 & 2 & 0 & 1 \end{array}\right)$$

$$\longrightarrow \left(\begin{array}{ccc|ccc} 1 & 0 & 1 & -\frac{1}{5} & \frac{2}{5} & 0 \\ 0 & 1 & -2 & \frac{3}{5} & -\frac{1}{5} & 0 \\ 0 & 0 & 3 & -1 & 1 & 1 \end{array}\right) \longrightarrow \left(\begin{array}{ccc|ccc} 1 & 0 & 0 & \frac{2}{15} & \frac{1}{15} & -\frac{1}{3} \\ 0 & 1 & 0 & -\frac{1}{15} & \frac{7}{15} & \frac{2}{3} \\ 0 & 0 & 1 & -\frac{1}{3} & \frac{1}{3} & \frac{1}{3} \end{array}\right)$$

よって,

$$\begin{pmatrix} 1 & 2 & -3 \\ 3 & 1 & 1 \\ -2 & 1 & -1 \end{pmatrix}^{-1} = \begin{pmatrix} \frac{2}{15} & \frac{1}{15} & -\frac{1}{3} \\ -\frac{1}{15} & \frac{7}{15} & \frac{2}{3} \\ -\frac{1}{3} & \frac{1}{3} & \frac{1}{3} \end{pmatrix}.$$

(3)

$$\left(\begin{array}{cccc|cccc} 1 & -2 & 2 & 0 & 1 & 0 & 0 & 0 \\ 0 & 2 & 0 & 2 & 0 & 1 & 0 & 0 \\ 0 & 0 & -3 & 3 & 0 & 0 & 1 & 0 \\ -1 & 3 & 0 & 1 & 0 & 0 & 0 & 1 \end{array}\right) \longrightarrow \left(\begin{array}{cccc|cccc} 1 & -2 & 2 & 0 & 1 & 0 & 0 & 0 \\ 0 & 2 & 0 & 2 & 0 & 1 & 0 & 0 \\ 0 & 0 & -3 & 3 & 0 & 0 & 1 & 0 \\ 0 & 1 & 2 & 1 & 1 & 0 & 0 & 1 \end{array}\right)$$

$$
\longrightarrow \left(\begin{array}{cccc|cccc} 1 & 0 & 2 & 2 & 1 & 1 & 0 & 0 \\ 0 & 1 & 0 & 1 & 0 & \frac{1}{2} & 0 & 0 \\ 0 & 0 & -3 & 3 & 0 & 0 & 1 & 0 \\ 0 & 0 & 2 & 0 & 1 & -\frac{1}{2} & 0 & 1 \end{array}\right) \longrightarrow \left(\begin{array}{cccc|cccc} 1 & 0 & 0 & 4 & 1 & 1 & \frac{2}{3} & 0 \\ 0 & 1 & 0 & 1 & 0 & \frac{1}{2} & 0 & 0 \\ 0 & 0 & 1 & -1 & 0 & 0 & -\frac{1}{3} & 0 \\ 0 & 0 & 0 & 2 & 1 & -\frac{1}{2} & \frac{2}{3} & 1 \end{array}\right)
$$

$$
\longrightarrow \left(\begin{array}{cccc|cccc} 1 & 0 & 0 & 0 & -1 & 2 & -\frac{2}{3} & -2 \\ 0 & 1 & 0 & 0 & -\frac{1}{2} & \frac{3}{4} & -\frac{1}{3} & -\frac{1}{2} \\ 0 & 0 & 1 & 0 & \frac{1}{2} & -\frac{1}{4} & 0 & \frac{1}{2} \\ 0 & 0 & 0 & 1 & \frac{1}{2} & -\frac{1}{4} & \frac{1}{3} & \frac{1}{2} \end{array}\right)
$$

検算として
$AA^{-1}=E$
を確かめて
おきましょう.

よって,

$$
\begin{pmatrix} 1 & -2 & 2 & 0 \\ 0 & 2 & 0 & 2 \\ 0 & 0 & -3 & 3 \\ -1 & 3 & 0 & 1 \end{pmatrix}^{-1} = \begin{pmatrix} -1 & 2 & -\frac{2}{3} & -2 \\ -\frac{1}{2} & \frac{3}{4} & -\frac{1}{3} & -\frac{1}{2} \\ \frac{1}{2} & -\frac{1}{4} & 0 & \frac{1}{2} \\ \frac{1}{2} & -\frac{1}{4} & \frac{1}{3} & \frac{1}{2} \end{pmatrix}
$$

やってみましょう

次の行列の逆行列を求めましょう.

$$
\begin{pmatrix} 1 & 1 & 2 \\ 1 & 2 & 1 \\ 1 & 3 & -1 \end{pmatrix}
$$

答え

$$
\left(\begin{array}{ccc|ccc} 1 & 1 & 2 & 1 & 0 & 0 \\ 1 & 2 & 1 & 0 & 1 & 0 \\ 1 & 3 & -1 & 0 & 0 & 1 \end{array}\right)
$$

$$\longrightarrow \left(\begin{array}{ccc:ccc} 1 & 0 & 0 & & & \\ 0 & 1 & 0 & & & \\ 0 & 0 & 1 & & & \end{array}\right)$$

よって，

$$\begin{pmatrix} 1 & 1 & 2 \\ 1 & 2 & 1 \\ 1 & 3 & -1 \end{pmatrix}^{-1} = \begin{pmatrix} & & \\ & & \\ & & \end{pmatrix}.$$

練習問題

① 次の各行列の逆行列を求めよ．

(1) $\begin{pmatrix} -4 & 3 \\ -3 & 2 \end{pmatrix}$ (2) $\begin{pmatrix} 2 & 1 & 1 \\ 1 & 0 & 2 \\ -1 & 3 & -5 \end{pmatrix}$ (3) $\begin{pmatrix} 1 & 2 & 3 \\ 3 & 1 & 9 \\ -2 & 1 & 0 \end{pmatrix}$ (4) $\begin{pmatrix} 1 & 1 & 1 \\ 1 & 1 & 0 \\ 0 & 0 & 1 \end{pmatrix}$

(5) $\begin{pmatrix} 1 & 1 & 1 \\ 1 & 2 & 3 \\ 1 & 3 & 9 \end{pmatrix}$ (6) $\begin{pmatrix} 2 & 1 & 4 \\ 1 & 0 & 0 \\ -1 & 3 & 6 \end{pmatrix}$ (7) $\begin{pmatrix} 1 & 0 & -1 & 0 \\ 0 & 1 & 1 & 0 \\ 3 & 0 & 0 & 1 \\ 0 & 0 & 1 & 2 \end{pmatrix}$

② A を n 次正方行列とする．

(1) ある自然数 k が存在して，$A^k=O$ をみたすとき，A をベキ零行列という．ベキ零行列が正則でないことを示せ．

(2) A がベキ零行列ならば，$E+A$，$E-A$ は正則であることを示せ．

③ A を n 次正方行列，B を n 次正方正則行列とする．

$$\mathrm{tr}(B^{-1}AB)=\mathrm{tr}(A)$$

を示せ．

答え

やってみましょうの答え

$$\left(\begin{array}{ccc:ccc} 1 & 1 & 2 & 1 & 0 & 0 \\ 1 & 2 & 1 & 0 & 1 & 0 \\ 1 & 3 & -1 & 0 & 0 & 1 \end{array}\right) \longrightarrow \left(\begin{array}{ccc:ccc} 1 & 0 & 0 & 5 & -7 & 3 \\ 0 & 1 & 0 & -2 & 3 & -1 \\ 0 & 0 & 1 & -1 & 2 & -1 \end{array}\right)$$

よって，

$$\begin{pmatrix} 1 & 1 & 2 \\ 1 & 2 & 1 \\ 1 & 3 & -1 \end{pmatrix}^{-1} = \begin{pmatrix} \boxed{\begin{matrix} 5 & -7 & 3 \\ -2 & 3 & -1 \\ -1 & 2 & -1 \end{matrix}} \end{pmatrix}.$$

練習問題の答え

①

(1) $\begin{pmatrix} 2 & -3 \\ 3 & -4 \end{pmatrix}$ (2) $\begin{pmatrix} 1 & -\frac{4}{3} & -\frac{1}{3} \\ -\frac{1}{2} & \frac{3}{2} & \frac{1}{2} \\ -\frac{1}{2} & \frac{7}{6} & \frac{1}{6} \end{pmatrix}$ (3) $\begin{pmatrix} \frac{3}{10} & -\frac{1}{10} & -\frac{1}{2} \\ \frac{3}{5} & -\frac{1}{5} & 0 \\ -\frac{1}{6} & \frac{1}{6} & \frac{1}{6} \end{pmatrix}$ (4) なし

(5) $\begin{pmatrix} \frac{9}{4} & -\frac{3}{2} & \frac{1}{4} \\ -\frac{3}{2} & 2 & -\frac{1}{2} \\ \frac{1}{4} & -\frac{1}{2} & \frac{1}{4} \end{pmatrix}$ (6) $\begin{pmatrix} 0 & 1 & 0 \\ -1 & \frac{8}{3} & \frac{2}{3} \\ \frac{1}{2} & -\frac{7}{6} & -\frac{1}{6} \end{pmatrix}$ (7) $\begin{pmatrix} -\frac{1}{5} & 0 & \frac{2}{5} & -\frac{1}{5} \\ \frac{6}{5} & 1 & -\frac{2}{5} & \frac{1}{5} \\ -\frac{6}{5} & 0 & \frac{2}{5} & -\frac{1}{5} \\ \frac{3}{5} & 0 & -\frac{1}{5} & \frac{3}{5} \end{pmatrix}$

② (1) 仮に A を正則とする．その仮定のもとで $O=A^k$ の両辺に A^{-1} を k 回かければ，

$$O=A^{-1}A^{-1}\cdots A^{-1}A^k=E$$

となり，矛盾．よって A は正則ではない．

(2) $(E+A)(E+(-1)A+(-1)^2A^2+\cdots+(-1)^{k-1}A^{k-1})=E$，$(E-A)(E+A+A^2+\cdots+A^{k-1})=E$ と定理 1 により $E+A$，$E-A$ は正則である．

③ 一般に $\mathrm{tr}(CD)=\mathrm{tr}(DC)$ なので，$\mathrm{tr}(B^{-1}AB)=\mathrm{tr}(B^{-1}(AB))=\mathrm{tr}((AB)B^{-1})=\mathrm{tr}(A)$．

5 行列式1(定義と基本的な性質)

定義と公式・1

行列式

$A=\begin{pmatrix} a & b \\ c & d \end{pmatrix}$ のとき,

$$\det(A)=ad-bc$$

$A=\begin{pmatrix} a & b & c \\ d & e & f \\ g & h & i \end{pmatrix}$ のとき,

$$\det(A)=aei+bfg+cdh-ceg-bdi-afh$$

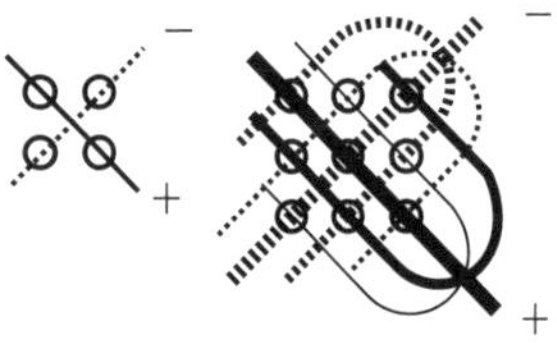

図 5.1 行列式の計算法(Sarrus の法則)

と定義し,$\det(A)$ を A の行列式と呼びます.$|A|$ と表すこともあります.
n 次正方行列 $A=(a_{ij})$ に対しては,

$$\sum_{\sigma\in S_n}\operatorname{sgn}(\sigma)\,a_{1\sigma(1)}\,a_{2\sigma(2)}\cdots a_{n\sigma(n)} \tag{5.1}$$

と定義します.
ただし,(5.1)において,S_n は n 文字の置換の全体を表し,$\operatorname{sgn}(\sigma)$ は置換 σ の符号を表します.

公式の使い方(例)・1

次の行列式の値を求めましょう.

(1) $\begin{vmatrix} 3 & -2 \\ 2 & 1 \end{vmatrix}$ (2) $\begin{vmatrix} 1 & 2 & -3 \\ 3 & 1 & 1 \\ -2 & 1 & -1 \end{vmatrix}$

(1) $\begin{vmatrix} 3 & -2 \\ 2 & 1 \end{vmatrix}=3\cdot1-(-2)\cdot2=7$

(2) $\begin{vmatrix} 1 & 2 & -3 \\ 3 & 1 & 1 \\ -2 & 1 & -1 \end{vmatrix} = 1\cdot1\cdot(-1)+2\cdot1\cdot(-2)+(-3)\cdot3\cdot1-(-3)\cdot1\cdot(-2)-2\cdot3\cdot(-1)$

$-1\cdot1\cdot1=-15$

定義と公式・2

定理 1

A を n 次正方行列とします．このとき

$$\det(A)=\det({}^tA)$$

が成り立ちます．

この定理により，行列式の"列に関する性質"は行に関しても成立することがわかります．

定理 2

$$\begin{vmatrix} a_{11} & a_{12} & \cdots & a_{1n} \\ 0 & a_{22} & \cdots & a_{2n} \\ \vdots & \vdots & \ddots & \vdots \\ 0 & a_{n2} & \cdots & a_{nn} \end{vmatrix} = a_{11}\cdot\begin{vmatrix} a_{22} & \cdots & a_{2n} \\ \vdots & & \vdots \\ a_{n2} & \cdots & a_{nn} \end{vmatrix}$$

公式の使い方（例）・2

定理 2 を用いて次の行列式の値を求めましょう．

(1) $\begin{vmatrix} 2 & 4 & 7 \\ 0 & 3 & 2 \\ 0 & 5 & -1 \end{vmatrix} = 2\cdot\begin{vmatrix} 3 & 2 \\ 5 & -1 \end{vmatrix} = 2\cdot(3\cdot(-1)-2\cdot5)=-26$

(2) 4 次の上 3 角行列の行列式

$$\begin{vmatrix} a_{11} & a_{12} & a_{13} & a_{14} \\ 0 & a_{22} & a_{23} & a_{24} \\ 0 & 0 & a_{33} & a_{34} \\ 0 & 0 & 0 & a_{44} \end{vmatrix} = a_{11}\begin{vmatrix} a_{22} & a_{23} & a_{24} \\ 0 & a_{33} & a_{34} \\ 0 & 0 & a_{44} \end{vmatrix} = a_{11}a_{22}\begin{vmatrix} a_{33} & a_{34} \\ 0 & a_{44} \end{vmatrix} = a_{11}a_{22}a_{33}a_{44}$$

(3) 単位行列の行列式

$$|E| = \begin{vmatrix} 1 & 0 & \cdots & 0 \\ 0 & 1 & \ddots & \vdots \\ \vdots & \ddots & \ddots & 0 \\ 0 & \cdots & 0 & 1 \end{vmatrix} = 1$$

定義と公式・3

定理 3

n 次正方行列 A の第 j 列を $\boldsymbol{a}_j$ $(j=1, 2, \cdots, n)$ で表します．$c\in\boldsymbol{R}$，$\boldsymbol{b}_j\in\boldsymbol{R}^n$ $(j=1, 2, \cdots, n)$ とします．各 $j=1, 2, \cdots, n$ について次の (1)，(2) が成り立ちます．

(1) $\det(\boldsymbol{a}_1, \cdots, c\cdot\boldsymbol{a}_j, \cdots, \boldsymbol{a}_n)=c\cdot\det(\boldsymbol{a}_1, \cdots, \boldsymbol{a}_j, \cdots, \boldsymbol{a}_n)$

(2) $\det(\boldsymbol{a}_1, \cdots, \boldsymbol{a}_j+\boldsymbol{b}_j, \cdots, \boldsymbol{a}_n)=\det(\boldsymbol{a}_1, \cdots, \boldsymbol{a}_j, \cdots, \boldsymbol{a}_n)+\det(\boldsymbol{a}_1, \cdots, \boldsymbol{b}_j, \cdots, \boldsymbol{a}_n)$

公式の使い方（例）・3

定理 3 を用いて次の各行列式の値を求めましょう．

(1) $\begin{vmatrix} 2 & 4 & 3 \\ 5 & 7 & 6 \\ 8 & 1 & 9 \end{vmatrix}$ (2) $\begin{vmatrix} b+c & a & 1 \\ c+a & b & 1 \\ a+b & c & 1 \end{vmatrix}$

(1) 定理 3 (1)を用いると，

$$\begin{vmatrix} 2 & 4 & 3 \\ 5 & 7 & 6 \\ 8 & 1 & 9 \end{vmatrix}=3\begin{vmatrix} 2 & 4 & 1 \\ 5 & 7 & 2 \\ 8 & 1 & 3 \end{vmatrix}=3\cdot\{2\cdot7\cdot3+4\cdot2\cdot8+1\cdot5\cdot1-1\cdot7\cdot8-4\cdot5\cdot3-2\cdot2\cdot1\}=-27$$

(2) 定理 3 (2) を用いると，

$$\begin{vmatrix} b+c & a & 1 \\ c+a & b & 1 \\ a+b & c & 1 \end{vmatrix}=\begin{vmatrix} b & a & 1 \\ c & b & 1 \\ a & c & 1 \end{vmatrix}+\begin{vmatrix} c & a & 1 \\ a & b & 1 \\ b & c & 1 \end{vmatrix}$$

$$=b^2+a^2+c^2-ab-ac-bc+bc+ab+ac-b^2-a^2-c^2=0$$

定義と公式・4

定理 4

n 次正方行列 A の第 j 列を $\boldsymbol{a}_j$ $(j=1, 2, \cdots, n)$ とします．このとき，次の (1)，(2) が成り立ちます．

(1) $\det(\boldsymbol{a}_1, \cdots, \underset{\substack{\uparrow \\ \text{第 } i \text{ 列}}}{\boldsymbol{a}_j}, \cdots, \underset{\substack{\uparrow \\ \text{第 } j \text{ 列}}}{\boldsymbol{a}_i}, \cdots, \boldsymbol{a}_n)=-1\cdot\det(\boldsymbol{a}_1, \cdots, \underset{\substack{\uparrow \\ \text{第 } i \text{ 列}}}{\boldsymbol{a}_i}, \cdots, \underset{\substack{\uparrow \\ \text{第 } j \text{ 列}}}{\boldsymbol{a}_j}, \cdots, \boldsymbol{a}_n)$ $(i, j=1, 2, \cdots, n)$

(2) A の 2 つの列 (または行) が一致すれば $|A|=0$

(3) $\det(\boldsymbol{a}_1, \cdots, \underset{\substack{\uparrow\\ \text{第}\,i\,\text{列}}}{\boldsymbol{a}_i+c\boldsymbol{a}_j}, \cdots, \underset{\substack{\uparrow\\ \text{第}\,j\,\text{列}}}{\boldsymbol{a}_j}, \cdots, \boldsymbol{a}_n)=\det(\boldsymbol{a}_1, \cdots, \underset{\substack{\uparrow\\ \text{第}\,i\,\text{列}}}{\boldsymbol{a}_i}, \cdots, \underset{\substack{\uparrow\\ \text{第}\,j\,\text{列}}}{\boldsymbol{a}_j}, \cdots, \boldsymbol{a}_n)$

$(i, j=1, 2, \cdots, n)$

公式の使い方 (例)・4

定理 4 を用いて，次の行列式の値を求めましょう．

(1) $\begin{vmatrix} 7 & 4 & 2 \\ 2 & 3 & 0 \\ -1 & 5 & 0 \end{vmatrix}$ (2) $\begin{vmatrix} -1 & 3 & 4 \\ 3 & -9 & 2 \\ 5 & -15 & 7 \end{vmatrix}$ (3) $\begin{vmatrix} 2 & 4 & 7 \\ 2 & 7 & 9 \\ -6 & -7 & -22 \end{vmatrix}$ (4) $\begin{vmatrix} 1 & 1 & 1 \\ x & y & z \\ x^2 & y^2 & z^2 \end{vmatrix}$

(1) $\begin{vmatrix} 7 & 4 & 2 \\ 2 & 3 & 0 \\ -1 & 5 & 0 \end{vmatrix}=(-1)\begin{vmatrix} 2 & 4 & 7 \\ 0 & 3 & 2 \\ 0 & 5 & -1 \end{vmatrix}=26$ (第 1 列と第 3 列を交換)

(2) $\begin{vmatrix} -1 & 3 & 4 \\ 3 & -9 & 2 \\ 5 & -15 & 7 \end{vmatrix}=(-3)\begin{vmatrix} -1 & -1 & 4 \\ 3 & 3 & 2 \\ 5 & 5 & 7 \end{vmatrix}=0$

(3) $\begin{vmatrix} 2 & 4 & 7 \\ 2 & 7 & 9 \\ -6 & -7 & -22 \end{vmatrix}=\begin{vmatrix} 2 & 4 & 7 \\ 0 & 3 & 2 \\ 0 & 5 & -1 \end{vmatrix}=-26$ (第 1 行の -1 倍を第 2 行に加える
第 1 行の 3 倍を第 3 行に加える)

(4) $\begin{vmatrix} 1 & 1 & 1 \\ x & y & z \\ x^2 & y^2 & z^2 \end{vmatrix}=\begin{vmatrix} 1 & 1 & 1 \\ 0 & y-x & z-x \\ 0 & y^2-x^2 & z^2-x^2 \end{vmatrix}=\begin{vmatrix} y-x & z-x \\ (y-x)(y+x) & (z-x)(z+x) \end{vmatrix}$

第 1 行の $(-x)$ 倍を第 2 行に加える
第 1 行の $(-x^2)$ 倍を第 3 行に加える

$=(y-x)\begin{vmatrix} 1 & z-x \\ y+x & (z-x)(z+x) \end{vmatrix}=(y-x)(z-x)\begin{vmatrix} 1 & 1 \\ y+x & z+x \end{vmatrix}$

$=(y-x)(z-x)\{z+x-(y+x)\}=(y-x)(z-x)(z-y)$

定義と公式・5

定理 5

A_{11} が n_1 次正方行列，A_{22} が n_2 次正方行列ならば，

$$\det\begin{pmatrix} A_{11} & A_{12} \\ O & A_{22} \end{pmatrix} = \det\begin{pmatrix} A_{11} & O \\ A_{21} & A_{22} \end{pmatrix} = \det(A_{11})\cdot\det(A_{22})$$

定理 6

n 次正方行列 A，B に対して

$$\det(AB) = \det(A)\cdot\det(B)$$

公式の使い方（例）・5

① 定理 5 を用いて次の行列式の値を求めましょう．

(1) $\begin{vmatrix} 3 & 2 & 7 & 11 \\ 4 & 3 & -1 & -4 \\ 0 & 0 & 5 & 2 \\ 0 & 0 & 3 & 1 \end{vmatrix}$ (2) $\begin{vmatrix} 5 & 2 & 9 & 6 & 3 \\ 4 & 3 & 7 & 2 & 4 \\ 0 & 0 & 2 & 1 & 3 \\ 0 & 0 & 0 & 2 & 1 \\ 0 & 0 & 0 & 3 & 4 \end{vmatrix}$

(1) $$\begin{vmatrix} 3 & 2 & 7 & 11 \\ 4 & 3 & -1 & -4 \\ 0 & 0 & 5 & 2 \\ 0 & 0 & 3 & 1 \end{vmatrix} = \begin{vmatrix} 3 & 2 \\ 4 & 3 \end{vmatrix}\cdot\begin{vmatrix} 5 & 2 \\ 3 & 1 \end{vmatrix} = -1$$

(2) $$\begin{vmatrix} 5 & 2 & 9 & 6 & 3 \\ 4 & 3 & 7 & 2 & 4 \\ 0 & 0 & 2 & 1 & 3 \\ 0 & 0 & 0 & 2 & 1 \\ 0 & 0 & 0 & 3 & 4 \end{vmatrix} = \begin{vmatrix} 5 & 2 \\ 4 & 3 \end{vmatrix}\cdot\begin{vmatrix} 2 & 1 & 3 \\ 0 & 2 & 1 \\ 0 & 3 & 4 \end{vmatrix} = 7\cdot 10 = 70$$

② $A = \begin{pmatrix} 1 & 3 & 4 \\ 0 & 2 & -4 \\ 0 & 1 & 3 \end{pmatrix}$，$B = \begin{pmatrix} 3 & 2 & -3 \\ 2 & 0 & 1 \\ -1 & -3 & 5 \end{pmatrix}$ の場合に定理 6 を確かめましょう．

$AB=\begin{pmatrix} 5 & -10 & 20 \\ 8 & 12 & -18 \\ -1 & -9 & 16 \end{pmatrix}$ なので $\det(AB)=50$．一方，$\det(A)=10$，$\det(B)=5$ より

$\det(A)\cdot\det(B)=50$，よって，

$$\det(AB)=\det(A)\cdot\det(B).$$

やってみましょう

① 次の行列式の値を求めましょう．

(1) $\begin{vmatrix} 6 & 5 \\ 5 & 4 \end{vmatrix}$ (2) $\begin{vmatrix} 1 & 1 & 2 \\ 1 & 2 & 1 \\ 1 & 3 & -1 \end{vmatrix}$

(1) $\begin{vmatrix} 6 & 5 \\ 5 & 4 \end{vmatrix} = \boxed{} - \boxed{} = \boxed{}$

(2) $\begin{vmatrix} 1 & 1 & 2 \\ 1 & 2 & 1 \\ 1 & 3 & -1 \end{vmatrix} = \boxed{} + \boxed{} + \boxed{} - \boxed{}$

$- \boxed{} - \boxed{} = \boxed{}$

② 定理 2，3，4，5 を用いて次の行列式の値を求めましょう．

(1) $\begin{vmatrix} 0 & 1 & 1 & 4 \\ 5 & 0 & 6 & 1 \\ 4 & 0 & 2 & 3 \\ 7 & 2 & 2 & 8 \end{vmatrix}$ (2) $\begin{vmatrix} \frac{2}{5} & -\frac{6}{5} & 0 \\ \frac{1}{3} & 1 & \frac{2}{3} \\ -\frac{1}{2} & \frac{9}{2} & 2 \end{vmatrix}$ (3) $\begin{vmatrix} 6 & 5 & 8 & -1 & -6 \\ 5 & 4 & 9 & 1 & 1 \\ 0 & 0 & 1 & 1 & 2 \\ 0 & 0 & 1 & 2 & 1 \\ 0 & 0 & 1 & 3 & -1 \end{vmatrix}$

(1) $\begin{vmatrix} 0 & 1 & 1 & 4 \\ 5 & 0 & 6 & 1 \\ 4 & 0 & 2 & 3 \\ 7 & 2 & 2 & 8 \end{vmatrix} = \boxed{}$

(2) $\begin{vmatrix} \frac{2}{5} & -\frac{6}{5} & 0 \\ \frac{1}{3} & 1 & \frac{2}{3} \\ -\frac{1}{2} & \frac{9}{2} & 2 \end{vmatrix} = \dfrac{1}{\square} \begin{vmatrix} \square \end{vmatrix} = \square$

(3) 定理 5 を用いると，

$$\left|\begin{array}{cc|ccc} 6 & 5 & 8 & -1 & -6 \\ 5 & 4 & 9 & 1 & 1 \\ \hline 0 & 0 & 1 & 1 & 2 \\ 0 & 0 & 1 & 2 & 1 \\ 0 & 0 & 1 & 3 & -1 \end{array}\right| = \begin{vmatrix} 6 & 5 \\ 5 & 4 \end{vmatrix} \cdot \begin{vmatrix} \square \end{vmatrix} = (-1) \cdot \square = \square$$

練習問題

① 次の行列式の値を求めよ．

(1) $\begin{vmatrix} -4 & 3 \\ -3 & 2 \end{vmatrix}$ (2) $\begin{vmatrix} 2 & 1 & 1 \\ 1 & 0 & 2 \\ -1 & 3 & -5 \end{vmatrix}$ (3) $\begin{vmatrix} 2 & 1 & 1 \\ 1 & 0 & 2 \\ -1 & 3 & -11 \end{vmatrix}$ (4) $\begin{vmatrix} 1 & 2 & 3 \\ 3 & 1 & 9 \\ -2 & 1 & 0 \end{vmatrix}$ (5) $\begin{vmatrix} 1 & 1 & 1 \\ 1 & 2 & 3 \\ 1 & 3 & 9 \end{vmatrix}$

(6) $\begin{vmatrix} 2 & 1 & 4 \\ 1 & 0 & 0 \\ -1 & 3 & 6 \end{vmatrix}$

② 定理 2，3，4，5 を用いて次の行列式の値を求めよ．

(1) $\begin{vmatrix} 0 & 7 & 4 & 4 \\ -9 & 5 & -7 & 0 \\ 1 & 0 & 0 & 1 \\ 6 & -8 & 2 & 6 \end{vmatrix}$ (2) $\begin{vmatrix} 3 & -1 & 10 \\ 0 & 2 & 10 \\ \frac{1}{2} & \frac{3}{10} & 1 \end{vmatrix}$ (3) $\begin{vmatrix} 1 & 3 & 5 & 6 \\ -2 & 9 & 0 & -3 \\ -1 & 12 & 5 & 3 \\ 4 & 7 & 0 & 3 \end{vmatrix}$

(4) $\begin{vmatrix} 2 & 5 & 8 & -8 & 9 \\ 1 & 2 & 6 & 6 & -1 \\ 0 & 0 & 3 & -4 & 7 \\ 0 & 0 & 1 & -3 & 6 \\ 0 & 0 & 2 & 0 & 0 \end{vmatrix}$ (5) $\begin{vmatrix} 2 & -2 & 0 & 0 & 0 \\ 5 & 5 & 5 & 0 & 0 \\ -1 & 3 & 2 & 0 & 0 \\ 0 & 9 & 0 & 7 & 8 \\ -3 & 1 & 3 & 8 & 9 \end{vmatrix}$

答 え

やってみましょうの答え

①

(1) $\begin{vmatrix} 6 & 5 \\ 5 & 4 \end{vmatrix} = \boxed{6\cdot4} - \boxed{5\cdot5} = \boxed{-1}$

(2) $\begin{vmatrix} 1 & 1 & 2 \\ 1 & 2 & 1 \\ 1 & 3 & -1 \end{vmatrix} = \boxed{1\cdot2\cdot(-1)} + \boxed{1\cdot1\cdot1} + \boxed{2\cdot1\cdot3} - \boxed{2\cdot2\cdot1} - \boxed{1\cdot1\cdot(-1)} - \boxed{1\cdot1\cdot3} = \boxed{-1}$

②

(1) $\begin{vmatrix} 0 & 1 & 1 & 4 \\ 5 & 0 & 6 & 1 \\ 4 & 0 & 2 & 3 \\ 7 & 2 & 2 & 8 \end{vmatrix} = \boxed{-112}$ (2) $\begin{vmatrix} \frac{2}{5} & -\frac{6}{5} & 0 \\ \frac{1}{3} & 1 & \frac{2}{3} \\ -\frac{1}{2} & \frac{9}{2} & 2 \end{vmatrix} = \frac{1}{\boxed{5}} \boxed{\begin{vmatrix} 2 & -2 & 0 \\ 1 & 1 & 1 \\ -1 & 3 & 2 \end{vmatrix}} = \boxed{\frac{4}{5}}$

(3) 定理5を用いると,

$$\begin{vmatrix} 6 & 5 & 8 & -1 & -6 \\ 5 & 4 & 9 & 1 & 1 \\ 0 & 0 & 1 & 1 & 2 \\ 0 & 0 & 1 & 2 & 1 \\ 0 & 0 & 1 & 3 & -1 \end{vmatrix} = \begin{vmatrix} 6 & 5 \\ 5 & 4 \end{vmatrix} \cdot \boxed{\begin{vmatrix} 1 & 1 & 2 \\ 1 & 2 & 1 \\ 1 & 3 & -1 \end{vmatrix}} = (-1)\cdot\boxed{(-1)} = \boxed{1}$$

練習問題の答え

① (1) 1 (2) −6 (3) 0 (4) −30 (5) 4 (6) 6

② (1) −598 (2) −18 (3) 0 (4) 6 (5) −20

6 行列式2(行列式の展開)

定義と公式・1

余因子

n 次正方行列 $A=(a_{ij})$ の第 i 行と第 j 列を取り除いてできる $n-1$ 次正方行列を A_{ij}，その行列式を D_{ij} で表します．すなわち $D_{ij}=|A_{ij}|$．そして，$\tilde{a}_{ij}=(-1)^{i+j}D_{ij}$ を A の第 (i, j) 余因子といいます．

定理1

n 次正方行列 A に対して次の展開式が成り立ちます．

$$\det(A)=a_{1j}\tilde{a}_{1j}+a_{2j}\tilde{a}_{2j}+\cdots+a_{nj}\tilde{a}_{nj} \quad (j=1, 2, \cdots, n) \tag{6.1}$$

$$\det(A)=a_{i1}\tilde{a}_{i1}+a_{i2}\tilde{a}_{i2}+\cdots+a_{in}\tilde{a}_{in} \quad (i=1, 2, \cdots, n) \tag{6.2}$$

(6.1) を第 j 列に関する行列式の展開，(6.2)を第 i 行に関する行列式の展開といいます．

公式の使い方(例)・1

① 定理1を用いて，次の行列式の値を求めましょう．

(1) $\begin{vmatrix} 1 & 9 & 8 \\ 7 & 6 & 5 \\ 4 & 3 & 2 \end{vmatrix}$　(2) $\begin{vmatrix} 1 & 3 & 4 \\ 0 & -4 & 3 \\ 0 & 2 & 1 \end{vmatrix}$　(3) $\begin{vmatrix} 2 & 2 & 3 & 2 \\ 0 & 3 & 1 & -2 \\ -1 & 1 & 4 & 3 \\ 2 & 2 & -1 & 1 \end{vmatrix}$

答え

(1)

$$\begin{vmatrix} 1 & 9 & 8 \\ 7 & 6 & 5 \\ 4 & 3 & 2 \end{vmatrix}=1\begin{vmatrix} 6 & 5 \\ 3 & 2 \end{vmatrix}-9\begin{vmatrix} 7 & 5 \\ 4 & 2 \end{vmatrix}+8\begin{vmatrix} 7 & 6 \\ 4 & 3 \end{vmatrix}$$

$$=1(12-15)-9(14-20)+8(21-24)=27$$ (第1行に関する展開)

(2)

$$\begin{vmatrix} 1 & 3 & 4 \\ 0 & -4 & 3 \\ 0 & 2 & 1 \end{vmatrix}=1\begin{vmatrix} -4 & 3 \\ 2 & 1 \end{vmatrix}-0\begin{vmatrix} 3 & 4 \\ 2 & 1 \end{vmatrix}+0\begin{vmatrix} 3 & 4 \\ -4 & 3 \end{vmatrix}=-10$$ (第1列に関する展開)

(3) $\begin{vmatrix} 2 & 2 & 3 & 2 \\ 0 & 3 & 1 & -2 \\ -1 & 1 & 4 & 3 \\ 2 & 2 & -1 & 1 \end{vmatrix}$

$$=2\begin{vmatrix} 3 & 1 & -2 \\ 1 & 4 & 3 \\ 2 & -1 & 1 \end{vmatrix}-0\begin{vmatrix} 2 & 3 & 2 \\ 1 & 4 & 3 \\ 2 & -1 & 1 \end{vmatrix}+(-1)\begin{vmatrix} 2 & 3 & 2 \\ 3 & 1 & -2 \\ 2 & -1 & 1 \end{vmatrix}-2\begin{vmatrix} 2 & 3 & 2 \\ 3 & 1 & -2 \\ 1 & 4 & 3 \end{vmatrix}$$

$=2\cdot 44-0+(-1)\cdot(-33)-2\cdot 11=99$ （第1列に関する展開）

定義と公式・2

定理 2

$$a_{1j}\,\tilde{a}_{1l}+a_{2j}\,\tilde{a}_{2l}+\cdots+a_{nj}\,\tilde{a}_{nl}=\delta_{jl}|A| \quad (j, l=1,\ 2,\ \cdots,\ n)$$
$$a_{i1}\,\tilde{a}_{k1}+a_{i2}\,\tilde{a}_{k2}+\cdots+a_{in}\,\tilde{a}_{kn}=\delta_{ik}|A| \quad (i, k=1,\ 2,\ \cdots,\ n)$$

ただし，$\delta_{ij}=\begin{cases} 1 & (i=j) \\ 0 & (i\neq j) \end{cases}$

公式の使い方（例）・2

(1) $A=\begin{pmatrix} 1 & 9 & 8 \\ 7 & 6 & 5 \\ 4 & 3 & 2 \end{pmatrix}$，$j=1$，$l=2$ の場合に定理 2 を確かめましょう．

$$\tilde{a}_{12}=(-1)^{1+2}\begin{vmatrix} 7 & 5 \\ 4 & 2 \end{vmatrix}=6,\quad \tilde{a}_{22}=(-1)^{2+2}\begin{vmatrix} 1 & 8 \\ 4 & 2 \end{vmatrix}=-30,\quad \tilde{a}_{32}=(-1)^{3+2}\begin{vmatrix} 1 & 8 \\ 7 & 5 \end{vmatrix}=51$$

よって，$a_{11}\,\tilde{a}_{12}+a_{21}\,\tilde{a}_{22}+a_{31}\,\tilde{a}_{32}=1\cdot 6+7\cdot(-30)+4\cdot 51=0$.

(2) $A=\begin{pmatrix} 1 & 3 & 4 \\ 0 & -4 & 3 \\ 0 & 2 & 1 \end{pmatrix}$，$j=1$，$l=3$ の場合に定理 2 を確かめましょう．

$$\tilde{a}_{13}=(-1)^{1+3}\begin{vmatrix} 0 & -4 \\ 0 & 2 \end{vmatrix}=0,\quad \tilde{a}_{23}=(-1)^{2+3}\begin{vmatrix} 1 & 3 \\ 0 & 2 \end{vmatrix}=-2,\quad \tilde{a}_{33}=(-1)^{3+3}\begin{vmatrix} 1 & 3 \\ 0 & -4 \end{vmatrix}=-4$$

よって，$a_{11}\,\tilde{a}_{13}+a_{21}\,\tilde{a}_{23}+a_{31}\,\tilde{a}_{33}=1\cdot 0+0\cdot(-2)+0\cdot(-4)=0$.

定義と公式・3

余因子行列

n 次正方行列 A の第 (i,j) 余因子を $\tilde{a}_{ij}$ で表します．
$\tilde{a}_{ji}$ を第 (i,j) 成分とする n 次正方行列

$$\tilde{A}=\begin{pmatrix} \tilde{a}_{11} & \tilde{a}_{21} & \cdots & \tilde{a}_{n1} \\ \tilde{a}_{12} & \tilde{a}_{22} & \cdots & \tilde{a}_{n2} \\ \vdots & \vdots & & \vdots \\ \tilde{a}_{1n} & \tilde{a}_{2n} & \cdots & \tilde{a}_{nn} \end{pmatrix}$$

を A の余因子行列といいます．

定理 3

n 次正方行列 A の余因子行列を $\tilde{A}$ とすると

$$A\tilde{A}=\tilde{A}A=|A|\cdot E$$

定理 4

n 次正方行列 A が正則であることと $|A|\neq 0$ とは同値です．
このとき

$$A^{-1}=\frac{1}{|A|}\tilde{A}$$

です．

公式の使い方（例）・3

次の各行列に対して逆行列が存在すれば，定理 4 を用いて，それを求めましょう．

(1) $\begin{pmatrix} 3 & -2 \\ 2 & 1 \end{pmatrix}$ (2) $\begin{pmatrix} 1 & 2 & -3 \\ 3 & 1 & 1 \\ -2 & 1 & -1 \end{pmatrix}$ (3) $\begin{pmatrix} 1 & 2 & -3 \\ 3 & 1 & 1 \\ -2 & 1 & -4 \end{pmatrix}$

(1) $\begin{vmatrix} 3 & -2 \\ 2 & 1 \end{vmatrix}=7\neq 0$ なので，

$$\tilde{a}_{11}=(-1)^{1+1}\cdot 1=1,\quad \tilde{a}_{21}=(-1)^{2+1}\cdot(-2)=2,\quad \tilde{a}_{12}=(-1)^{1+2}\cdot 2=-2,\quad \tilde{a}_{22}=(-1)^{2+2}\cdot 3=3$$

よって，

$$\begin{pmatrix}3 & -2\\2 & 1\end{pmatrix}^{-1}=\frac{1}{7}\begin{pmatrix}1 & 2\\-2 & 3\end{pmatrix}$$

なお，$A=\begin{pmatrix}a & b\\c & d\end{pmatrix}$ の場合，$ad-bc\neq0$ ならば，A は正則行列で

$$A^{-1}=\frac{1}{ad-bc}\begin{pmatrix}d & -b\\-c & a\end{pmatrix}$$

一方，$ad-bc=0$ ならば，A は正則行列ではありません．

(2) $\begin{vmatrix}1 & 2 & -3\\3 & 1 & 1\\-2 & 1 & -1\end{vmatrix}=-15\neq0$ なので，

$$\tilde{a}_{11}=(-1)^{1+1}\cdot(-2)=-2,\quad \tilde{a}_{21}=(-1)^{2+1}\cdot1=-1,\quad \tilde{a}_{31}=(-1)^{3+1}\cdot5=5,$$
$$\tilde{a}_{12}=(-1)^{1+2}\cdot(-1)=1,\quad \tilde{a}_{22}=(-1)^{2+2}\cdot(-7)=-7,\quad \tilde{a}_{32}=(-1)^{3+2}\cdot10=-10,$$
$$\tilde{a}_{13}=(-1)^{1+3}\cdot5=5,\quad \tilde{a}_{23}=(-1)^{2+3}\cdot5=-5,\quad \tilde{a}_{33}=(-1)^{3+3}\cdot(-5)=-5,$$

よって，

$$\begin{pmatrix}1 & 2 & -3\\3 & 1 & 1\\-2 & 1 & -1\end{pmatrix}^{-1}=-\frac{1}{15}\begin{pmatrix}-2 & -1 & 5\\1 & -7 & -10\\5 & -5 & -5\end{pmatrix}$$

(3) $\begin{vmatrix}1 & 2 & -3\\3 & 1 & 1\\-2 & 1 & -4\end{vmatrix}=0$．よって，この行列は正則行列ではありません．

やってみましょう

① 定理1を用いて，次の行列式の値を求めましょう．

(1) $\begin{vmatrix}0 & 1 & 1 & 4\\5 & 0 & 6 & 1\\4 & 0 & 2 & 3\\7 & 2 & 2 & 8\end{vmatrix}$ (2) $\begin{vmatrix}0 & 0 & 2 & 0\\7 & 6 & 0 & 2\\0 & 2 & 0 & 1\\5 & 1 & 3 & 4\end{vmatrix}$

(1) 第2列に関する行列式の展開を用いて計算します．

$$\begin{vmatrix} 0 & 1 & 1 & 4 \\ 5 & 0 & 6 & 1 \\ 4 & 0 & 2 & 3 \\ 7 & 2 & 2 & 8 \end{vmatrix} = 1\cdot(-1)^{\square} \begin{vmatrix} 5 & \square & \square \\ 4 & \square & \square \\ 7 & \square & \square \end{vmatrix} + 0\cdot(-1)^{\square} \begin{vmatrix} \square & \square & \square \\ \square & 2 & 3 \\ \square & 2 & 8 \end{vmatrix}$$

$$+0\cdot(-1)^{\square} \begin{vmatrix} \square & 1 & 4 \\ \square & \square & \square \\ \square & 2 & 8 \end{vmatrix} + 2\cdot(-1)^{\square} \begin{vmatrix} \square & 1 & 4 \\ \square & 6 & 1 \\ \square & 2 & 3 \end{vmatrix}$$

$$= \square - \square = \square$$

(2) 第１行に関する行列式の展開を用いて計算します．

$$\begin{vmatrix} 0 & 0 & 2 & 0 \\ 7 & 6 & 0 & 2 \\ 0 & 2 & 0 & 1 \\ 5 & 1 & 3 & 4 \end{vmatrix} = 0\cdot(-1)^{\square} \begin{vmatrix} 6 & 0 & 2 \\ 2 & 0 & 1 \\ 1 & 3 & 4 \end{vmatrix} + 0\cdot(-1)^{\square} \begin{vmatrix} \square & 0 & 2 \\ \square & 0 & 1 \\ \square & 3 & 4 \end{vmatrix}$$

$$+2\cdot(-1)^{\square} \begin{vmatrix} 7 & 6 & \square \\ 0 & 2 & \square \\ 5 & 1 & \square \end{vmatrix} + 0\cdot(-1)^{\square} \begin{vmatrix} 7 & 6 & 0 \\ 0 & 2 & 0 \\ 5 & 1 & 3 \end{vmatrix} = 2\cdot \square = \square$$

② 次の各行列に対して逆行列が存在すれば，定理４を用いてそれを求めましょう．

(1) $\begin{pmatrix} 1 & 1 & 2 \\ 1 & 2 & 1 \\ 1 & 3 & -1 \end{pmatrix}$ (2) $\begin{pmatrix} 1 & 1 & 2 \\ 1 & 2 & 1 \\ 1 & 3 & 0 \end{pmatrix}$

(1) $\begin{vmatrix} 1 & 1 & 2 \\ 1 & 2 & 1 \\ 1 & 3 & -1 \end{vmatrix} = -1 \neq 0$ なので，この行列は正則行列です．

ここで，

$\tilde{a}_{11} = (-1)^{1+1}\cdot \square = \square$，$\tilde{a}_{21} = (-1)^{2+1}\cdot \square = \square$，$\tilde{a}_{31} = (-1)^{3+1}\cdot \square = \square$，

$\tilde{a}_{12} = (-1)^{1+2}\cdot \square = \square$，$\tilde{a}_{22} = (-1)^{2+2}\cdot \square = \square$，$\tilde{a}_{32} = (-1)^{3+2}\cdot \square = \square$，

$\tilde{a}_{13} = (-1)^{1+3}\cdot \square = \square$，$\tilde{a}_{23} = (-1)^{2+3}\cdot \square = \square$，$\tilde{a}_{33} = (-1)^{3+3}\cdot \square = \square$，

これより，

$$\begin{pmatrix}1 & 1 & 2\\ 1 & 2 & 1\\ 1 & 3 & -1\end{pmatrix}^{-1}=\frac{1}{\square}\begin{pmatrix} & \square & \\ & & \\ & & \end{pmatrix}=\begin{pmatrix} & \square & \\ & & \\ & & \end{pmatrix}$$

(2) $\begin{vmatrix}1 & 1 & 2\\ 1 & 2 & 1\\ 1 & 3 & 0\end{vmatrix}=\square$．よって，この行列は正則行列ではありません．

練習問題

① 次の各行列に対して逆行列が存在すれば，定理 4 を用いてそれぞれ求めよ．

(1) $\begin{pmatrix}-4 & 3\\ -3 & 2\end{pmatrix}$ (2) $\begin{pmatrix}2 & 1 & 1\\ 1 & 0 & 2\\ -1 & 3 & -5\end{pmatrix}$ (3) $\begin{pmatrix}2 & 1 & 1\\ 1 & 0 & 2\\ -1 & 3 & -11\end{pmatrix}$

(4) $\begin{pmatrix}1 & 2 & 3\\ 3 & 1 & 9\\ -2 & 1 & 0\end{pmatrix}$ (5) $\begin{pmatrix}1 & 1 & 1\\ 1 & 2 & 3\\ 1 & 3 & 9\end{pmatrix}$ (6) $\begin{pmatrix}2 & 1 & 4\\ 1 & 0 & 0\\ -1 & 3 & 6\end{pmatrix}$ (7) $\begin{pmatrix}1 & 0 & -1 & 0\\ 0 & 1 & 1 & 0\\ 3 & 0 & 0 & 1\\ 0 & 0 & 1 & 2\end{pmatrix}$

② （クラメルの公式）連立 1 次方程式（$\boldsymbol{a},\boldsymbol{b},\boldsymbol{c},\boldsymbol{d}\in\boldsymbol{R}^3$）

$$x\boldsymbol{a}+y\boldsymbol{b}+z\boldsymbol{c}=\boldsymbol{d}$$

の解は，$A=(\boldsymbol{a},\boldsymbol{b},\boldsymbol{c})$ が正則のとき，

$$x=\frac{|\boldsymbol{d},\boldsymbol{b},\boldsymbol{c}|}{|A|},\quad y=\frac{|\boldsymbol{a},\boldsymbol{d},\boldsymbol{c}|}{|A|},\quad z=\frac{|\boldsymbol{a},\boldsymbol{b},\boldsymbol{d}|}{|A|}$$

と表されることを示し，

$$\begin{cases}x+2y-3z=3\\ 3x+y+z=9\\ -2x+y-z=0\end{cases}$$

を解け．

答え

やってみましょうの答え

①(1) $\begin{vmatrix}0 & 1 & 1 & 4\\ 5 & 0 & 6 & 1\\ 4 & 0 & 2 & 3\\ 7 & 2 & 2 & 8\end{vmatrix}=1\cdot(-1)^{\boxed{1+2}}\begin{vmatrix}5 & \boxed{6} & \boxed{1}\\ 4 & \boxed{2} & \boxed{3}\\ 7 & \boxed{2} & \boxed{8}\end{vmatrix}+0\cdot(-1)^{\boxed{2+2}}\begin{vmatrix}\boxed{0} & \boxed{1} & \boxed{4}\\ \boxed{4} & 2 & 3\\ \boxed{7} & 2 & 8\end{vmatrix}$

$$+0\cdot(-1)^{\boxed{3+2}}\begin{vmatrix}\boxed{0} & 1 & 4\\ \boxed{5} & \boxed{6} & \boxed{1}\\ \boxed{7} & 2 & 8\end{vmatrix}+2\cdot(-1)^{\boxed{4+2}}\begin{vmatrix}\boxed{0} & 1 & 4\\ \boxed{5} & 6 & 1\\ \boxed{4} & 2 & 3\end{vmatrix}=\boxed{22}-\boxed{134}=\boxed{-112}$$

(2) $$\begin{vmatrix}0 & 0 & 2 & 0\\ 7 & 6 & 0 & 2\\ 0 & 2 & 0 & 1\\ 5 & 1 & 3 & 4\end{vmatrix}=0\cdot(-1)^{\boxed{1+1}}\begin{vmatrix}6 & 0 & 2\\ 2 & 0 & 1\\ 1 & 3 & 4\end{vmatrix}+0\cdot(-1)^{\boxed{1+2}}\begin{vmatrix}\boxed{7} & 0 & 2\\ \boxed{0} & 0 & 1\\ \boxed{5} & 3 & 4\end{vmatrix}$$

$$+2\cdot(-1)^{\boxed{1+3}}\begin{vmatrix}7 & 6 & \boxed{2}\\ 0 & 2 & \boxed{1}\\ 5 & 1 & \boxed{4}\end{vmatrix}+0\cdot(-1)^{\boxed{1+4}}\begin{vmatrix}7 & 6 & 0\\ 0 & 2 & 0\\ 5 & 1 & 3\end{vmatrix}=2\cdot\boxed{59}=\boxed{118}$$

②

(1)

$\tilde{a}_{11}=(-1)^{1+1}\cdot\boxed{(-5)}=\boxed{-5}$, $\tilde{a}_{21}=(-1)^{2+1}\cdot\boxed{(-7)}=\boxed{7}$, $\tilde{a}_{31}=(-1)^{3+1}\cdot\boxed{(-3)}=\boxed{-3}$,

$\tilde{a}_{12}=(-1)^{1+2}\cdot\boxed{(-2)}=\boxed{2}$, $\tilde{a}_{22}=(-1)^{2+2}\cdot\boxed{(-3)}=\boxed{-3}$, $\tilde{a}_{32}=(-1)^{3+2}\cdot\boxed{(-1)}=\boxed{1}$,

$\tilde{a}_{13}=(-1)^{1+3}\cdot\boxed{1}=\boxed{1}$, $\tilde{a}_{23}=(-1)^{2+3}\cdot\boxed{2}=\boxed{-2}$, $\tilde{a}_{33}=(-1)^{3+3}\cdot\boxed{1}=\boxed{1}$,

これより，

$$\begin{pmatrix}1 & 1 & 2\\ 1 & 2 & 1\\ 1 & 3 & -1\end{pmatrix}^{-1}=\frac{1}{\boxed{-1}}\left(\boxed{\begin{matrix}-5 & 7 & -3\\ 2 & -3 & 1\\ 1 & -2 & 1\end{matrix}}\right)=\left(\boxed{\begin{matrix}5 & -7 & 3\\ -2 & 3 & -1\\ -1 & 2 & -1\end{matrix}}\right)$$

(2) $\begin{vmatrix}1 & 1 & 2\\ 1 & 2 & 1\\ 1 & 3 & 0\end{vmatrix}=\boxed{0}$. よって，定理 4 よりこの行列は正則行列ではありません．

練習問題の答え

①

(1) $\begin{pmatrix}2 & -3\\ 3 & -4\end{pmatrix}$ (2) $\begin{pmatrix}1 & -\frac{4}{3} & -\frac{1}{3}\\ -\frac{1}{2} & \frac{3}{2} & \frac{1}{2}\\ -\frac{1}{2} & \frac{7}{6} & \frac{1}{6}\end{pmatrix}$ (3) 逆行列は存在しない．

(4) $\begin{pmatrix}\frac{3}{10} & -\frac{1}{10} & -\frac{1}{2}\\ \frac{3}{5} & -\frac{1}{5} & 0\\ -\frac{1}{6} & \frac{1}{6} & \frac{1}{6}\end{pmatrix}$ (5) $\begin{pmatrix}\frac{9}{4} & -\frac{3}{2} & \frac{1}{4}\\ -\frac{3}{2} & 2 & -\frac{1}{2}\\ \frac{1}{4} & -\frac{1}{2} & \frac{1}{4}\end{pmatrix}$ (6) $\begin{pmatrix}0 & 1 & 0\\ -1 & \frac{8}{3} & \frac{2}{3}\\ \frac{1}{2} & -\frac{7}{6} & -\frac{1}{6}\end{pmatrix}$

(7) $\begin{pmatrix} -\frac{1}{5} & 0 & \frac{2}{5} & -\frac{1}{5} \\ \frac{6}{5} & 1 & -\frac{2}{5} & \frac{1}{5} \\ -\frac{6}{5} & 0 & \frac{2}{5} & -\frac{1}{5} \\ \frac{3}{5} & 0 & -\frac{1}{5} & \frac{3}{5} \end{pmatrix}$

②

$|\boldsymbol{d},\boldsymbol{b},\boldsymbol{c}|=|x\boldsymbol{a}+y\boldsymbol{b}+z\boldsymbol{c},\boldsymbol{b},\boldsymbol{c}|=x|\boldsymbol{a},\boldsymbol{b},\boldsymbol{c}|$

$\begin{vmatrix} 1 & 2 & -3 \\ 3 & 1 & 1 \\ -2 & 1 & -1 \end{vmatrix}=-15\neq 0$ より $\begin{pmatrix} 1 & 2 & -3 \\ 3 & 1 & 1 \\ -2 & 1 & -1 \end{pmatrix}$ は正則行列.

よってクラメルの公式を用いると,

$$x=\frac{\begin{vmatrix} 3 & 2 & -3 \\ 9 & 1 & 1 \\ 0 & 1 & -1 \end{vmatrix}}{\begin{vmatrix} 1 & 2 & -3 \\ 3 & 1 & 1 \\ -2 & 1 & -1 \end{vmatrix}}=\frac{-15}{-15}=1,\quad y=\frac{\begin{vmatrix} 1 & 3 & -3 \\ 3 & 9 & 1 \\ -2 & 0 & -1 \end{vmatrix}}{\begin{vmatrix} 1 & 2 & -3 \\ 3 & 1 & 1 \\ -2 & 1 & -1 \end{vmatrix}}=\frac{-60}{-15}=4,\quad z=\frac{\begin{vmatrix} 1 & 2 & 3 \\ 3 & 1 & 9 \\ -2 & 1 & 0 \end{vmatrix}}{\begin{vmatrix} 1 & 2 & -3 \\ 3 & 1 & 1 \\ -2 & 1 & -1 \end{vmatrix}}=\frac{-30}{-15}=2$$

7 行列式3(幾何的意味と内積，外積)

定義と公式

まず，平面における直線の方程式や空間における平面の方程式に関する公式をまとめておきます．

公式

ベクトル$(a,\ b)$に垂直で，点$(x_0,\ y_0)$を通る直線の方程式は，

$$a(x-x_0)+b(y-y_0)=0$$

ベクトル$(a,\ b,\ c)$に垂直で，点$(x_0,\ y_0,\ z_0)$を通る平面の方程式は，

$$a(x-x_0)+b(y-y_0)+c(z-z_0)=0$$

ベクトル$(a,\ b)$に平行で，点$(x_0,\ y_0)$を通る直線の方程式は，

$$\frac{x-x_0}{a}=\frac{y-y_0}{b}$$

ベクトル$(a,\ b,\ c)$に平行で，点$(x_0,\ y_0,\ z_0)$を通る直線の方程式は，

$$\frac{x-x_0}{a}=\frac{y-y_0}{b}=\frac{z-z_0}{c}$$

この章では，行列式の幾何的意味を考えます．そこで，まず，そのための準備，すなわち，図形(イメージ)を表現するための数学的枠組を説明します．

ノルム

$\boldsymbol{R}^3$の任意の要素$\boldsymbol{x}={}^t(x_1,\ x_2,\ x_3)$に対して，

$$\|\boldsymbol{x}\|=\sqrt{{}^t\boldsymbol{x}\boldsymbol{x}}=\sqrt{{x_1}^2+{x_2}^2+{x_3}^2}$$

をxのノルム(長さ)と呼びます．

この定義より，ただちに，任意の$\boldsymbol{x}\in\boldsymbol{R}^3$について，

$$\|\boldsymbol{x}\|\geq 0 \tag{7.1}$$

がわかります．ただし，等号成立は$\boldsymbol{x}={}^t(0,\ 0,\ 0)$のときに限ります．さらに，任意の$\boldsymbol{x}\in\boldsymbol{R}^3$,

任意の $a \in \boldsymbol{R}$ について,

$$\|a\boldsymbol{x}\| = |a|\|\boldsymbol{x}\| \tag{7.2}$$

も明らかです．次に，任意の $\boldsymbol{x}$, $\boldsymbol{y} \in \boldsymbol{R}^3$ について,

$$\|\boldsymbol{x}+\boldsymbol{y}\| \leq \|\boldsymbol{x}\|+\|\boldsymbol{y}\| \tag{7.3}$$

が成り立ちます.

これで，ベクトルの大きさを表現するための枠組ができたので，次は，２つのベクトルのなす角を表現する枠組について考えましょう.

$\boldsymbol{x}$, $\boldsymbol{y}$ を $\boldsymbol{R}^3$ の要素としましょう.

内積

$$\boldsymbol{x} \cdot \boldsymbol{y} = {}^t\boldsymbol{x}\boldsymbol{y}$$

を内積と呼びます.

直交

$$\boldsymbol{x} \cdot \boldsymbol{y} = {}^t\boldsymbol{x}\boldsymbol{y} = 0 \tag{7.4}$$

であるとき，$\boldsymbol{x}$ と $\boldsymbol{y}$ は直交しているといいます.

ベクトルのなす角

$\boldsymbol{R}^3$ の $\boldsymbol{0}$ でない要素 $\boldsymbol{x}$, $\boldsymbol{y}$ に対して,

$$\cos\theta = \frac{{}^t\boldsymbol{x}\boldsymbol{y}}{\|\boldsymbol{x}\|\|\boldsymbol{y}\|} \tag{7.5}$$

を満たす $\theta \in [0, \pi]$ を $\boldsymbol{x}$ と $\boldsymbol{y}$ のなす角度と呼びます.

正射影の公式

$\boldsymbol{x}$ の $\boldsymbol{y}$ への正射影ベクトルは,

$$\boldsymbol{x} \cdot \boldsymbol{y} \frac{\boldsymbol{y}}{\|\boldsymbol{y}\|^2}$$

です.

外積(ベクトル積)

$\boldsymbol{R}^3$ の２つのベクトル $\boldsymbol{x} = \begin{pmatrix} x_1 \\ x_2 \\ x_3 \end{pmatrix}$, $\boldsymbol{y} = \begin{pmatrix} y_1 \\ y_2 \\ y_3 \end{pmatrix}$ に対して，$\boldsymbol{x}$ と $\boldsymbol{y}$ の外積(ベクトル積) $\boldsymbol{x} \times \boldsymbol{y}$ を

$$
\boldsymbol{x}\times\boldsymbol{y}=\begin{pmatrix} x_2y_3-x_3y_2 \\ x_3y_1-x_1y_3 \\ x_1y_2-x_2y_1 \end{pmatrix}
$$

と定義とします．

ここで，$\boldsymbol{x}\times\boldsymbol{y}$ の要素を行列式を用いて表すと，

$$
\boldsymbol{x}\times\boldsymbol{y}=\begin{pmatrix} \begin{vmatrix} x_2 & y_2 \\ x_3 & y_3 \end{vmatrix} \\ \begin{vmatrix} x_3 & y_3 \\ x_1 & y_1 \end{vmatrix} \\ \begin{vmatrix} x_1 & y_1 \\ x_2 & y_2 \end{vmatrix} \end{pmatrix}
$$

です．

外積の定義は，

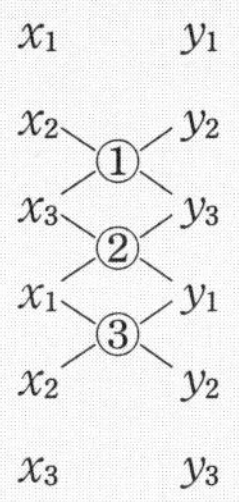

のように並べて書くと覚えやすいです（1行とばして↘向きにかけあわせたものから，↗向きにかけあわせたものをひく）．

すると後に見るように以下の性質があります．

$$
\begin{aligned}
\|\boldsymbol{x}\times\boldsymbol{y}\| &= \boldsymbol{x}\text{ と }\boldsymbol{y}\text{ で張られる平行 4 辺形の面積} \\
&= \sqrt{\begin{vmatrix} x_2 & y_2 \\ x_3 & y_3 \end{vmatrix}^2+\begin{vmatrix} x_3 & y_3 \\ x_1 & y_1 \end{vmatrix}^2+\begin{vmatrix} x_1 & y_1 \\ x_2 & y_2 \end{vmatrix}^2}
\end{aligned}
$$

また，$\boldsymbol{x}\times\boldsymbol{y}\perp\boldsymbol{x}$，$\boldsymbol{x}\times\boldsymbol{y}\perp\boldsymbol{y}$ が成立します．

練習問題②を参照してください．

$\boldsymbol{z}=\begin{pmatrix} z_1 \\ z_2 \\ z_3 \end{pmatrix}$ とおくと

$$
\boldsymbol{x}\times\boldsymbol{y}\cdot\boldsymbol{z}=\begin{vmatrix} x_1 & y_1 & z_1 \\ x_2 & y_2 & z_2 \\ x_3 & y_3 & z_3 \end{vmatrix}
$$

となります．

また

$$
\left|\det\begin{pmatrix} x_1 & y_1 & z_1 \\ x_2 & y_2 & z_2 \\ x_3 & y_3 & z_3 \end{pmatrix}\right|=\boldsymbol{x},\ \boldsymbol{y},\ \boldsymbol{z}\text{ で張られる平行 6 面体の体積}
$$

となります．

公式の使い方(例)

① (1) ベクトル(3, 4)に垂直で，点(1, 2)を通る直線の方程式は，

$$3(x-1)+4(y-2)=0.$$

(2) ベクトル(3, 4, 7)に垂直で，点(1, −1, 3)を通る平面の方程式は，

$$3(x-1)+4(y+1)+7(z-3)=0.$$

(3) ベクトル(2, 5)に平行で，点(−1, 3)を通る直線の方程式は，

$$\frac{x+1}{2}=\frac{y-3}{5}.$$

(4) ベクトル(2, 5, −3)に平行で，点(−1, 2, 4)を通る直線の方程式は，

$$\frac{x+1}{2}=\frac{y-2}{5}=\frac{z-4}{-3}.$$

(5) ベクトル(1, 2)のベクトル(3, 4)への正射影ベクトルは，

$$(1,\ 2)^t(3,\ 4)\frac{(3,\ 4)}{\|(3,\ 4)\|^2}=\frac{11}{25}(3,\ 4)$$

(6) $\begin{pmatrix}2\\3\\5\end{pmatrix}\times\begin{pmatrix}1\\-1\\2\end{pmatrix}$を計算しましょう．定義通り行えば，

$\begin{pmatrix}11\\1\\-5\end{pmatrix}$になります．

> 検算として（練習問題②の性質を用い）
>
> $$\begin{pmatrix}11\\1\\-5\end{pmatrix}\cdot\begin{pmatrix}2\\3\\5\end{pmatrix}=\begin{pmatrix}11\\1\\-5\end{pmatrix}\cdot\begin{pmatrix}1\\-1\\2\end{pmatrix}=0$$
>
> を確認しておきましょう．

(7) 点$P(x_0,\ y_0,\ z_0)$と平面π $ax+by+cz=d$上の点$Q(x_1,\ y_1,\ z_1)$で作られるベクトルPQの平面の法線ベクトル$(a,\ b,\ c)$への正射影ベクトルを求めましょう．

答え

$$\frac{\overrightarrow{PQ}\cdot(a,\ b,\ c)}{a^2+b^2+c^2}(a,\ b,\ c)=\frac{-ax_0-by_0-cz_0+d}{a^2+b^2+c^2}(a,\ b,\ c)$$

これより点 P から平面 π に下ろした垂線の足を H とすると H の座標 $=\overrightarrow{OH}=\overrightarrow{OP}+\overrightarrow{PH}=(x_0,\ y_0,\ z_0)+\dfrac{-ax_0-by_0-cz_0+d}{a^2+b^2+c^2}(a,\ b,\ c)$ がわかります．

② $\|\boldsymbol{x}\times\boldsymbol{y}\|$ は $\boldsymbol{x}$ と $\boldsymbol{y}$ によってつくられる平行四辺形の面積と等しいことを示しましょう．

答え

$$\begin{aligned}\|\boldsymbol{x}\times\boldsymbol{y}\|^2&=(x_2y_3-x_3y_2)^2+(x_3y_1-x_1y_3)^2+(x_1y_2-x_2y_1)^2\\&=(x_1^2+x_2^2+x_3^2)(y_1^2+y_2^2+y_3^2)-(x_1y_1+x_2y_2+x_3y_3)^2=\|\boldsymbol{x}\|^2\|\boldsymbol{y}\|^2-({}^t\boldsymbol{x}\boldsymbol{y})^2\\&=\|\boldsymbol{x}\|^2\|\boldsymbol{y}\|^2-\|\boldsymbol{x}\|^2\|\boldsymbol{y}\|^2\cos^2\theta=\|\boldsymbol{x}\|^2\|\boldsymbol{y}\|^2(1-\cos^2\theta)=\|\boldsymbol{x}\|^2\|\boldsymbol{y}\|^2\sin^2\theta\end{aligned}$$

よって，

$$\|\boldsymbol{x}\times\boldsymbol{y}\|=\|\boldsymbol{x}\|\|\boldsymbol{y}\|\sin\theta$$

特に $x_3=y_3=0$ とおくと

$$\|\boldsymbol{x}\times\boldsymbol{y}\|=|x_1y_2-x_2y_1|=\left|\det\begin{pmatrix}x_1 & x_2\\ y_1 & y_2\end{pmatrix}\right|$$

ですから，2 次正方行列 A に対して $|\det(A)|$ は A の行(列)ベクトルによりつくられる平行 4 辺形の面積と等しいということになります．

③ $\boldsymbol{R}^3$ の 3 つのベクトル $\boldsymbol{x}=\begin{pmatrix}x_1\\x_2\\x_3\end{pmatrix}$，$\boldsymbol{y}=\begin{pmatrix}y_1\\y_2\\y_3\end{pmatrix}$，$\boldsymbol{z}=\begin{pmatrix}z_1\\z_2\\z_3\end{pmatrix}$ によってつくられる平行 6 面体の体積を v とすると，

$$v=|\det(A)|$$

が成立します．ただし，$A=(\boldsymbol{x},\ \boldsymbol{y},\ \boldsymbol{z})$ です．

すなわち，3 次正方行列 A に対して $|\det(A)|$ は A の行(列)ベクトルによりつくられる平行 6 面体の体積に等しくなります．このことを示しましょう．

答え

$\boldsymbol{x}\times\boldsymbol{y}$ と $\boldsymbol{z}$ のなす角を $\theta(0\leq\theta\leq\pi)$ とすれば，②より

$$\begin{aligned}v&=\|\boldsymbol{x}\times\boldsymbol{y}\|\cdot\|\boldsymbol{z}\||\cos\theta|\\&=|{}^t(\boldsymbol{x}\times\boldsymbol{y})\boldsymbol{z}|\end{aligned}$$

ここで

$${}^t(\boldsymbol{x}\times\boldsymbol{y})\boldsymbol{z}=z_1\begin{vmatrix}x_2 & x_3\\ y_2 & y_3\end{vmatrix}+z_2\begin{vmatrix}y_1 & y_3\\ x_1 & x_3\end{vmatrix}+z_3\begin{vmatrix}x_1 & x_2\\ y_1 & y_2\end{vmatrix}$$

第 5 章と第 6 章の計算を参照

$$=z_1(-1)^{3+1}\begin{vmatrix} x_2 & x_3 \\ y_2 & y_3 \end{vmatrix}+z_2(-1)^{3+2}\begin{vmatrix} x_1 & x_3 \\ y_1 & y_3 \end{vmatrix}+z_3(-1)^{3+3}\begin{vmatrix} x_1 & x_2 \\ y_1 & y_2 \end{vmatrix}$$

$$=\begin{vmatrix} x_1 & x_2 & x_3 \\ y_1 & y_2 & y_3 \\ z_1 & z_2 & z_3 \end{vmatrix}$$

ですから

$$v=|\det(A)|.$$

やってみましょう

① (1) ベクトル (2, 1) に垂直で，点 (3, 4) を通る直線の方程式は，

$$\boxed{}\left(x-\boxed{}\right)+\left(y-\boxed{}\right)=0.$$

(2) ベクトル (1, −1, 3) に垂直で，点 (3, 4, 7) を通る平面の方程式は，

$$\left(x-\boxed{}\right)-\boxed{}\left(y-\boxed{}\right)+\boxed{}\left(z-\boxed{}\right)=0.$$

(3) ベクトル (−1, 3) に平行で，点 (2, 5) を通る直線の方程式は，

$$\frac{x-\boxed{}}{\boxed{}}=\frac{y-\boxed{}}{\boxed{}}.$$

(4) ベクトル (−1, 2, 4) に平行で，点 (2, 5, 3) を通る直線の方程式は，

$$\frac{x-\boxed{}}{\boxed{}}=\frac{y-\boxed{}}{\boxed{}}=\frac{z-\boxed{}}{\boxed{}}.$$

(5) ベクトル (3, 4) のベクトル (1, 2) への正射影ベクトルは，

$$\left(\boxed{},\ \boxed{}\right)^t\left(\boxed{},\ \boxed{}\right)\frac{\left(\boxed{},\ \boxed{}\right)}{\left\|\left(\boxed{},\ \boxed{}\right)\right\|^2}=\frac{\boxed{}}{\boxed{}}\left(\boxed{},\ \boxed{}\right).$$

(6) $\begin{pmatrix} 1 \\ -1 \\ 2 \end{pmatrix}\times\begin{pmatrix} 2 \\ 3 \\ 5 \end{pmatrix}=\begin{pmatrix} \boxed{} \end{pmatrix}.$

(7) 点 $P(x_0,\ y_0,\ z_0)$ と，平面 $\pi\quad ax+by+cz=d$ との距離は，

$$\|\overrightarrow{PH}\| = \frac{|\quad\quad\quad|}{\quad\quad}$$

です．

(8) $\begin{pmatrix}2\\3\\5\end{pmatrix}, \begin{pmatrix}1\\-1\\2\end{pmatrix}$ で張られる平行四辺形の面積は，

$$\sqrt{\quad + \quad + \quad} = \sqrt{\quad}$$

です．

② 3点 $A(1,\ 1,\ 1)$，$B(2,\ 2,\ 4)$，$C(4,\ 5,\ 7)$ を通る平面の方程式を求めましょう．

平面の方程式を $ax+by+cz=d$ とおいて連立方程式を解いてもよいのですが外積を使うほうがスマートです．

$$\overrightarrow{AB} \times \overrightarrow{AC} = (\quad,\quad,\quad)$$

これが求める平面の法線ベクトルなので

$$\quad(x-1) + \quad(y-1) + \quad(z-1) = 0$$

練習問題

① 次を求めよ．

(1) ベクトル $(1,\ 2)$ に垂直で，点 $(3,\ 4)$ を通る直線の方程式

(2) ベクトル $(1,\ 2,\ 3)$ に垂直で，点 $(5,\ -6,\ 4)$ を通る平面の方程式

(3) ベクトル $(1,\ 2)$ に平行で，点 $(3,\ 4)$ を通る直線の方程式

(4) ベクトル $(1,\ 2,\ 3)$ に平行で，点 $(5,\ -6,\ 4)$ を通る直線の方程式

(5) $\begin{pmatrix}2\\1\\3\end{pmatrix} \times \begin{pmatrix}1\\-1\\2\end{pmatrix}$，　(6) $\begin{pmatrix}2\\1\\3\end{pmatrix} \times \begin{pmatrix}1\\-1\\2\end{pmatrix} \cdot \begin{pmatrix}1\\2\\3\end{pmatrix}$

(7) $\begin{pmatrix}2\\1\\3\end{pmatrix}, \begin{pmatrix}1\\-1\\2\end{pmatrix}, \begin{pmatrix}1\\2\\3\end{pmatrix}$ で張られる平行6面体の体積

(8) $\begin{pmatrix}2\\1\\3\end{pmatrix}$ の $\begin{pmatrix}1\\-1\\2\end{pmatrix}$ への正射影ベクトル

(9) 3点 $(1,\ 2,\ 3)$，$(1,\ -1,\ 1)$，$(-1,\ 1,\ 2)$ を通る平面の方程式

(10) 点 $P(x_0,\ y_0)$ から直線 l　$ax+by+c=0$ に下ろした垂線の足 H と点 P と直線 l の距離

② 以下の(1)と(2)を示せ．

(1) ${}^t\boldsymbol{x}(\boldsymbol{x}\times\boldsymbol{y})=0$　　(2) ${}^t\boldsymbol{y}(\boldsymbol{x}\times\boldsymbol{y})=0$

答え

やってみましょうの答え

① (1) $\boxed{2}(x-\boxed{3})+(y-\boxed{4})=0$，　(2) $(x-\boxed{3})-\boxed{1}(y-\boxed{4})+\boxed{3}(z-\boxed{7})=0$

(3) $\dfrac{x-\boxed{2}}{\boxed{-1}}=\dfrac{y-\boxed{5}}{\boxed{3}}$，　(4) $\dfrac{x-\boxed{2}}{\boxed{-1}}=\dfrac{y-\boxed{5}}{\boxed{2}}=\dfrac{z-\boxed{3}}{\boxed{4}}$

(5) $(\boxed{3},\ \boxed{4})^t(\boxed{1},\ \boxed{2})\dfrac{(\boxed{1},\ \boxed{2})}{\|(\boxed{1},\ \boxed{2})\|^2}=\dfrac{\boxed{11}}{\boxed{5}}(\boxed{1},\ \boxed{2})$，　(6) $\begin{pmatrix}1\\-1\\2\end{pmatrix}\times\begin{pmatrix}2\\3\\5\end{pmatrix}=\begin{pmatrix}\boxed{\begin{matrix}-11\\-1\\5\end{matrix}}\end{pmatrix}$

(7) $\|\overrightarrow{PH}\|=\dfrac{|\boxed{ax_0+by_0+cz_0-d}|}{\sqrt{\boxed{a^2+b^2+c^2}}}$，　(8) $\sqrt{\boxed{11^2}+\boxed{1^2}+\boxed{(-5)^2}}=\sqrt{\boxed{147}}$

② $\overrightarrow{AB}\times\overrightarrow{AC}=(\boxed{-6},\ \boxed{3},\ \boxed{1})$，$\boxed{-6}(x-1)+\boxed{3}(y-1)+\boxed{1}(z-1)=0$

練習問題の答え

① (1) $1\cdot(x-3)+2\cdot(y-4)=0$，　(2) $1\cdot(x-5)+2\cdot(y+6)+3\cdot(z-4)=0$，　(3) $\dfrac{x-3}{1}=\dfrac{y-4}{2}$

(4) $\dfrac{x-5}{1}=\dfrac{y+6}{2}=\dfrac{z-4}{3}$　(5) $\begin{pmatrix}5\\-1\\-3\end{pmatrix}$　(6) -6　(7) 6　(8) $\dfrac{7}{6}\begin{pmatrix}1\\-1\\2\end{pmatrix}$

(9) $-(x-1)-4(y-2)+6(z-3)=0$，　(10) $\overrightarrow{OH}=(x_0,\ y_0)+\dfrac{-ax_0-by_0-c}{a^2+b^2}(a,\ b)$ なので求める距離は $\dfrac{|ax_0+by_0+c|}{\sqrt{a^2+b^2}}$

② ${}^t\boldsymbol{x}(\boldsymbol{x}\times\boldsymbol{y})=x_1(x_2y_3-x_3y_2)+x_2(x_3y_1-x_1y_3)+x_3(x_1y_2-x_2y_1)=0$
${}^t\boldsymbol{y}(\boldsymbol{x}\times\boldsymbol{y})=y_1(x_2y_3-x_3y_2)+y_2(x_3y_1-x_1y_3)+y_3(x_1y_2-x_2y_1)=0$
すなわち，$\boldsymbol{x}\times\boldsymbol{y}$ は $\boldsymbol{x}$ とも $\boldsymbol{y}$ とも直交している．

8 ベクトル空間1（定義と例）

定義と公式

ベクトル空間

K を $\boldsymbol{R}$ または $\boldsymbol{C}$ とする．集合 V の任意の2元 $\boldsymbol{u}$, $\boldsymbol{v}$ に対して，和と呼ばれる第3の元（これを $\boldsymbol{u}+\boldsymbol{v}$ で表す）が定められ，K の任意の元 a と V の任意の元 $\boldsymbol{u}$ に対して a 倍と呼ばれるもう1つの元 $a\boldsymbol{u}$ が定められ，次の法則(1)～(8)が成り立つとき，V を K 上のベクトル空間または線形空間といい，V の元をベクトルといいます．

(1) $\boldsymbol{u}+\boldsymbol{v}=\boldsymbol{v}+\boldsymbol{u} \qquad \boldsymbol{u},\ \boldsymbol{v}\in V$

(2) $(\boldsymbol{u}+\boldsymbol{v})+\boldsymbol{w}=\boldsymbol{u}+(\boldsymbol{v}+\boldsymbol{w}) \qquad \boldsymbol{u},\ \boldsymbol{v},\ \boldsymbol{w}\in V$

(3) 零ベクトルと呼ばれる元（これを $\boldsymbol{0}$ で表す）が存在し，任意の $\boldsymbol{u}\in V$ に対して，$\boldsymbol{u}+\boldsymbol{0}=\boldsymbol{u}$ が成り立つ．

(4) 任意の $\boldsymbol{u}\in V$ に対して，$\boldsymbol{u}+\boldsymbol{u}'=\boldsymbol{0}$ となる $\boldsymbol{u}'\in V$ が存在する．これを，$\boldsymbol{u}$ の逆ベクトルといい，$-\boldsymbol{u}$ で表す．

(5) $(a+b)\boldsymbol{u}=a\boldsymbol{u}+b\boldsymbol{u} \qquad \boldsymbol{u}\in V,\ a,\ b\in K$

(6) $a(\boldsymbol{u}+\boldsymbol{v})=a\boldsymbol{u}+a\boldsymbol{v} \qquad \boldsymbol{u},\ \boldsymbol{v}\in V,\ a\in K$

(7) $(ab)\boldsymbol{u}=a(b\boldsymbol{u}) \qquad \boldsymbol{u}\in V,\ a,\ b\in K$

(8) $1\boldsymbol{u}=\boldsymbol{u} \qquad \boldsymbol{u}\in V$

K が $\boldsymbol{R}$ のときは実ベクトル空間または実線形空間といい，K が $\boldsymbol{C}$ のときは複素ベクトル空間または複素線形空間といいます．以下では，実ベクトル空間のみを考えます．

ベクトル空間の例

例1

ただ1つの元 $\boldsymbol{0}$ からなる集合 $\{\boldsymbol{0}\}$ に対して，$\boldsymbol{0}+\boldsymbol{0}=\boldsymbol{0}$, $a\boldsymbol{0}=\boldsymbol{0}$ $(a\in\boldsymbol{R})$ と演算を定義すれば $\{\boldsymbol{0}\}$ はベクトル空間です．

例2

$\boldsymbol{R}$ の元を成分とする n 次列ベクトルの全体

$$\boldsymbol{R}^n=\left\{\boldsymbol{u}=\begin{pmatrix}u_1\\u_2\\\vdots\\u_n\end{pmatrix}\ \middle|\ u_1,\ u_2,\ \cdots,\ u_n\in\boldsymbol{R}\right\}$$

は行列の和およびスカラー倍により $\boldsymbol{R}$ 上のベクトル空間となります．

例 3

実数係数の多項式の全体を P で表します．P は普通の多項式の和と定数倍によりベクトル空間となります．

例 4

集合 A（たとえば，$A=[a,\ b]$）から $\boldsymbol{R}$ への写像全体の集合は以下の通り演算を定義すれば，ベクトル空間となります．

$f,\ g : A \to \boldsymbol{R},\ x \in A,\ a \in \boldsymbol{R}$ とします．

$$(f+g)(x)=f(x)+g(x)$$
$$(af)(x)=a\cdot f(x)$$

部分空間

ベクトル空間 V の部分集合 W が，V における演算に関してベクトル空間となるとき W を V の部分空間といいます．

定理 1

ベクトル空間 V の空でない部分集合 W が V の部分空間である必要十分条件は次の (i)(ii) が満たされることです．

(i) $\boldsymbol{u},\ \boldsymbol{v} \in W$ ならば $\boldsymbol{u}+\boldsymbol{v} \in W$

(ii) $\boldsymbol{u} \in W,\ a \in K$ ならば $a\boldsymbol{u} \in W$

公式の使い方（例）

① A を $m \times n$ 行列とします．このとき，

$$W=\{\boldsymbol{x} \in \boldsymbol{R}^n \mid A\boldsymbol{x}=\boldsymbol{0}\}$$

は $\boldsymbol{R}^n$ の部分空間となることを示しましょう．

$\boldsymbol{0} \in W$ なので，W は空集合ではありません．よって，W が定理 1 の (i) と (ii) を満たすことを示せば十分です．

(i) $\boldsymbol{x}_1,\ \boldsymbol{x}_2 \in W$ ならば，$A(\boldsymbol{x}_1+\boldsymbol{x}_2)=A\boldsymbol{x}_1+A\boldsymbol{x}_2=\boldsymbol{0}+\boldsymbol{0}=\boldsymbol{0}$．よって，$\boldsymbol{x}_1+\boldsymbol{x}_2 \in W$．

(ii) $\boldsymbol{x} \in W,\ a \in \boldsymbol{R}$ ならば，$A(a\boldsymbol{x})=a(A\boldsymbol{x})=a\boldsymbol{0}=\boldsymbol{0}$．よって，$a\boldsymbol{x} \in W$．

なお，この W を連立 1 次方程式 $A\boldsymbol{x}=\boldsymbol{0}$ の解空間と呼びます．

② $V=\boldsymbol{R}^3$ とする．次の W が V の部分空間か否かについて考えましょう．

(1) $W=\left\{\begin{pmatrix} x \\ y \\ z \end{pmatrix} \middle| \begin{array}{r} x+2y-3z=0 \\ 3x+y+z=0 \\ -2x+y-z=0 \end{array}\right\}$　(2) $W=\left\{\begin{pmatrix} x \\ y \\ z \end{pmatrix} \middle| \begin{array}{r} x+2y-3z=7 \\ 3x+y+z=11 \\ -2x+y-4z=-4 \end{array}\right\}$

(1)

$$A=\begin{pmatrix} 1 & 2 & -3 \\ 3 & 1 & 1 \\ -2 & 1 & -1 \end{pmatrix}$$

とおけば①により，W が V の部分空間となることがわかります．

(2)

$\begin{pmatrix} 2 \\ 4 \\ 1 \end{pmatrix}\in W$，$0\in \boldsymbol{R}$ ですが，$0\begin{pmatrix} 2 \\ 4 \\ 1 \end{pmatrix}=\begin{pmatrix} 0 \\ 0 \\ 0 \end{pmatrix}\notin W$ ですから，W は V の部分空間ではありません．

③　$V=\boldsymbol{R}^n$ とする．次の W が V の部分集合か否かについて考えましょう．

(1)　$W=\left\{\begin{pmatrix} x_1 \\ x_2 \\ \vdots \\ x_n \end{pmatrix}\middle| x_1=0,\ x_2,\ \cdots,\ x_n\in \boldsymbol{R}\right\}$　(2)　$W=\left\{\begin{pmatrix} x_1 \\ x_2 \\ \vdots \\ x_n \end{pmatrix}\middle| x_1^2+x_2^2+\cdots+x_n^2\leq 1\right\}$

(1)　$\boldsymbol{0}\in W$ より，W は空集合ではありません．よって W が定理 1 の (i) と (ii) を満たすことを示せば十分です．

(i)　任意の $\begin{pmatrix} 0 \\ x_2 \\ \vdots \\ x_n \end{pmatrix}$，$\begin{pmatrix} 0 \\ y_2 \\ \vdots \\ y_n \end{pmatrix}\in W$ について，$\begin{pmatrix} 0 \\ x_2 \\ \vdots \\ x_n \end{pmatrix}+\begin{pmatrix} 0 \\ y_2 \\ \vdots \\ y_n \end{pmatrix}=\begin{pmatrix} 0 \\ x_2+y_2 \\ \vdots \\ x_n+y_n \end{pmatrix}\in W$，

(ii)　任意の $\begin{pmatrix} 0 \\ x_2 \\ \vdots \\ x_n \end{pmatrix}\in W$，任意の $a\in \boldsymbol{R}$ について，$a\begin{pmatrix} 0 \\ x_2 \\ \vdots \\ x_n \end{pmatrix}=\begin{pmatrix} 0 \\ a x_2 \\ \vdots \\ a x_n \end{pmatrix}\in W$．

以上により，W は V の部分空間です．

(2)　${}^t(1,\ 0,\ 0,\ \cdots\ 0)$，${}^t(0,\ 1,\ 0,\ \cdots,\ 0)\in W$ ですが，

$${}^t(1,\ 0,\ 0,\ \cdots,\ 0)+{}^t(0,\ 1,\ 0,\ \cdots,\ 0)={}^t(1,\ 1,\ 0,\ \cdots,\ 0)$$

は $1^2+1^2=2>1$ より，W には属しません．よって，W は V の部分空間ではありません．

④　$[0,\ 1]$ を定義域とする実数値関数の全体を V とします．すなわち，$V=\{f:[0,\ 1]\to \boldsymbol{R}\}$．次の W が V の部分空間か否かについて考えましょう．

(1)　$W=\{f\in V\,|\,$ある $M>0$ が存在して，任意の $x\in[0,\ 1]$ に対して $|f(x)|<M\}$

(2)　$W=\{f\in V\,|\,f(0)=0$ かつ $f(1)=1\}$　(3)　$W=\{f\in V\,|\,$任意の $x\in[0,\ 1]$ について $f(x)\geq 0\}$

(1)　明らかに $f\equiv 0\in W$ なので，W が定理 1 の (i) と (ii) を満たすことを示せば十分です．

(i)　$f,\ g\in W$ に対して，$\exists M,\ N>0,\quad \forall x\in[0,\ 1]$ について

$$|f(x)|<M \quad \text{かつ} \quad |g(x)|<N$$

であるから，$\forall x\in[0,\ 1]$ について

$$|f(x)+g(x)|\leq|f(x)|+|g(x)|<M+N$$

より，$f+g\in W$．

(ii)　$f\in W,\ a\in R$ とします．この f に対して，$\exists M>0,\ \forall x\in[0,\ 1]$ について $|f(x)|<M$ なので，$M'=|a|M$ とすれば，$\forall x\in[0,\ 1]$ について

$$|a\cdot f(x)|=|a|\cdot|f(x)|<|a|\cdot M=M'$$

より，$a\cdot f\in W$．以上により，W は V の部分空間です．

(2)　$f(x)=x,\ g(x)=x^2$ とすれば，$f,\ g\in W$．しかし，$(f+g)(1)=f(1)+g(1)=1+1=2$ より，$f+g\notin W$．よって W は V の部分空間ではありません．

(3)　$f(x)=x$ とすれば，$f\in W$．しかし，$\forall x\in(0,\ 1)$ について，

$$(-1\cdot f)(x)=-x<0$$

より $-1\cdot f\notin W$．よって W は V の部分空間ではありません．

やってみましょう

①　以下の各問に答えてください．

(1)　$\boldsymbol{R}^3$ において，$W=\left\{\alpha\begin{pmatrix}1\\1\\1\end{pmatrix}\middle|\ \alpha\in\boldsymbol{R}\right\}$ が部分空間か否かについて考えましょう．

W は明らかに空集合ではありません．よって，W が定理 1 の (i) と (ii) をみたすことを示せば十分です．

(i)　任意の $\alpha,\ \beta\in\boldsymbol{R}$ に対して，

$$\alpha\begin{pmatrix}1\\1\\1\end{pmatrix}+\beta\begin{pmatrix}1\\1\\1\end{pmatrix}=\begin{pmatrix}\quad\\\quad\\\quad\end{pmatrix}=(\alpha+\beta)\begin{pmatrix}1\\1\\1\end{pmatrix}\in W$$

(ii) 任意の $\alpha \in \boldsymbol{R}$，任意の $c \in \boldsymbol{R}$ に対して，

$$c\left(\alpha\begin{pmatrix}1\\1\\1\end{pmatrix}\right)= \boxed{} \begin{pmatrix}1\\1\\1\end{pmatrix} \boxed{}\ W$$

以上により，W は $\boldsymbol{R}^3$ の部分空間です．

(2) $\boldsymbol{R}^3$ において，$W=\left\{\begin{pmatrix}s\\t\\1\end{pmatrix}\middle| s,\ t\in\boldsymbol{R}\right\}$ が部分空間か否かについて考えましょう．

$\begin{pmatrix}1\\1\\1\end{pmatrix}$，$\begin{pmatrix}0\\1\\1\end{pmatrix}\in W$ ですが，

$$\begin{pmatrix}1\\1\\1\end{pmatrix}+\begin{pmatrix}0\\1\\1\end{pmatrix}=\begin{pmatrix}\boxed{}\end{pmatrix} \boxed{}\ W$$

よって，W は $\boldsymbol{R}^3$ の部分空間ではありません．

練習問題

① 以下の各問に答えよ．

(1) $W=\{(x,\ y)\mid$「$x\geq 0$ かつ $y\geq 0$」または「$x\leq 0$ かつ $y\leq 0$」$\}$ が $\boldsymbol{R}^2$ の部分空間か否かを論ぜよ．

(2) $a,\ b\in\boldsymbol{R}$

$W=\{(x,\ y)\mid y=ax\}\cup\{(x,\ y)\mid y=bx\}$ が $\boldsymbol{R}^2$ の部分空間か否かを論ぜよ．

(3) $W=\{(x,\ y)\mid 0\leq x\leq y\leq 2x\}$ が $\boldsymbol{R}^2$ の部分空間か否かを論ぜよ．

② 以下の各問に答えよ．

(1) 実数を係数とする n 次以下の多項式の全体を P_n で表す．P_n が P の部分空間か否かを論ぜよ．

(2) $W=$｛有理数を係数とする多項式｝が P の部分空間か否かを論ぜよ．

(3) $W=\{a_1t+a_2t^3+a_3t^5+\cdots+a_nt^{2n-1}\mid n\in\boldsymbol{N},\ a_1,\ a_2,\ a_3,\ \ldots,\ a_n,\ \ldots\in\boldsymbol{R}\}$ が P の部分空間か否かを論ぜよ．

③ 有界閉区間 $[a,\ b]$ を定義域とする実数値関数の全体を V で表す．以下の各問に答えよ．

(1) 有界閉区間 $[a,\ b]$ を定義域とする連続な実数値関数の全体を $C[a,\ b]$ で表す．$C[a,\ b]$ が V の部分空間か否かを論ぜよ．

(2) $W=\left\{f\in C[a,\ b]\ \middle|\ \int_a^b f(x)\,\mathrm{d}x=0\right\}$ が $C[a,\ b]$ の部分空間か否かを論ぜよ．

(3) $a \leq c \leq b$ とする．$W=\{f \in C[a, b] \mid f(c)=0\}$ が $C[a, b]$ の部分空間か否かを論ぜよ．

④ V をベクトル空間とする．以下の各問に答えよ．

(1) A をある集合とする．各 $a \in A$ について，W_a が V の部分空間ならば $\bigcap_{a \in A} W_a$ も V の部分空間となることを示せ．

(2) W_1, W_2 は V の部分空間とする．$W_1 \cup W_2$ が V の部分空間とはならない例を挙げよ．さらに，$W_1 \cup W_2$ が V の部分空間となる例を挙げよ．

答え

やってみましょうの答え

(1) (i) $\alpha\begin{pmatrix}1\\1\\1\end{pmatrix}+\beta\begin{pmatrix}1\\1\\1\end{pmatrix}=\begin{pmatrix}\boxed{\alpha+\beta}\\\boxed{\alpha+\beta}\\\boxed{\alpha+\beta}\end{pmatrix}=(\alpha+\beta)\begin{pmatrix}1\\1\\1\end{pmatrix}\in W$, (ii) $c\left(\alpha\begin{pmatrix}1\\1\\1\end{pmatrix}\right)=\boxed{c\alpha}\begin{pmatrix}1\\1\\1\end{pmatrix}\boxed{\in}W$

(2) $\begin{pmatrix}1\\1\\1\end{pmatrix}+\begin{pmatrix}0\\1\\1\end{pmatrix}=\begin{pmatrix}\boxed{\begin{matrix}1\\2\\2\end{matrix}}\end{pmatrix}\boxed{\notin}W$

練習問題の答え

① 各問の結論のみ記しておく，以下の結論を得るまでの議論はスペースの都合で省略する．

(1) W は $\boldsymbol{R}^2$ の部分空間ではない．

(2) $a=b$ ならば W は $\boldsymbol{R}^2$ の部分空間である．$a \neq b$ ならば W は $\boldsymbol{R}^2$ の部分空間でない．

(3) W は $\boldsymbol{R}^2$ の部分空間でない．

② ①と同じ理由で結論のみを記しておく．

(1) P_n は P の部分空間である．(2) W は P の部分空間ではない．(3) W は P の部分空間である．

③ 上 2 問と同じ理由で各問の結論のみを記しておく．

(1) $C[a, b]$ は V の部分空間である．(2) W は $C[a, b]$ の部分空間である．

(3) W は $C[a, b]$ の部分空間である．

④ (1) $\boldsymbol{0} \in \bigcap_{a \in A} W_a$ は明らか．$\boldsymbol{u}$, $\boldsymbol{v} \in \bigcap_{a \in A} W_a$ ならば，任意の $a \in A$ について，$\boldsymbol{u}$, $\boldsymbol{v} \in W_a$，W_a は V の部分空間なので $\boldsymbol{u}+\boldsymbol{v} \in W_a$．これより $\boldsymbol{u}+\boldsymbol{v} \in \bigcap_{a \in A} W_a$．同様に，$\alpha \in \boldsymbol{R}$, $\boldsymbol{u} \in \bigcap_{a \in A} W_a$ に対して，$\alpha\boldsymbol{u} \in \bigcap_{a \in A} W_a$．

(2) $V=C[0, 1]$ とし，$W_1=\{f \in C[0, 1] \mid f(0)=0\}$, $W_2=\{f \in C[0, 1] \mid f(1)=0\}$ とすれば，W_1 と W_2 は V の部分空間であるが，$W_1 \cup W_2$ は V の部分空間ではない．
一般に $W_1 \subset W_2$ ならば，$W_1 \cup W_2$ は V の部分空間となる．

9 ベクトル空間2（1次独立，1次従属）

定義・1

線形結合，1次従属，1次独立

V をベクトル空間とします．

$\boldsymbol{u}_1, \boldsymbol{u}_2, \cdots, \boldsymbol{u}_n \in V, \quad c_1, c_2, \cdots, c_n \in \boldsymbol{R}$ に対し，

$$c_1\boldsymbol{u}_1 + c_2\boldsymbol{u}_2 + \cdots + c_n\boldsymbol{u}_n$$

を $\boldsymbol{u}_1, \boldsymbol{u}_2, \cdots, \boldsymbol{u}_n$ の1次結合または線形結合といいます．

少なくとも1つは0でない $c_1, c_2, \cdots, c_n$ が存在して，

$$c_1\boldsymbol{u}_1 + c_2\boldsymbol{u}_2 + \cdots + c_n\boldsymbol{u}_n = \boldsymbol{0} \tag{9.1}$$

を満たすとき，$\boldsymbol{u}_1, \boldsymbol{u}_2, \cdots, \boldsymbol{u}_n$ は1次従属または線形従属といいます．そうでないとき，すなわち，(9.1) を満たす $c_1, c_2, \cdots, c_n$ は $c_1 = c_2 = \cdots = c_n = 0$ に限るとき，$\boldsymbol{u}_1, \boldsymbol{u}_2, \cdots, \boldsymbol{u}_n$ は1次独立または線形独立といいます．

例・1

①

$V = \boldsymbol{R}^n$ とします．　$\boldsymbol{e}_1 = \begin{pmatrix} 1 \\ 0 \\ \vdots \\ 0 \end{pmatrix}, \ \boldsymbol{e}_2 = \begin{pmatrix} 0 \\ 1 \\ \vdots \\ 0 \end{pmatrix}, \ \cdots, \ \boldsymbol{e}_n = \begin{pmatrix} 0 \\ 0 \\ \vdots \\ 1 \end{pmatrix}$ は1次独立です．

これは以下のようにして示されます．

$$c_1\boldsymbol{e}_1 + c_2\boldsymbol{e}_2 + \cdots + c_n\boldsymbol{e}_n = \begin{pmatrix} c_1 \\ c_2 \\ \vdots \\ c_n \end{pmatrix} = \begin{pmatrix} 0 \\ 0 \\ \vdots \\ 0 \end{pmatrix}$$

を満たすのは $c_1 = c_2 = \cdots = c_n = 0$ のみ．よって，$\boldsymbol{e}_1, \boldsymbol{e}_2, \cdots, \boldsymbol{e}_n$ は1次独立です．

なお，$\boldsymbol{e}_1, \boldsymbol{e}_2, \cdots, \boldsymbol{e}_n$ を $\boldsymbol{R}^n$ の基本ベクトルといいます．

② $\boldsymbol{R}^3$ の次のベクトルは１次独立か１次従属かを調べましょう．

(1) $\boldsymbol{u}_1=\begin{pmatrix}1\\3\\-2\end{pmatrix}$, $\boldsymbol{u}_2=\begin{pmatrix}2\\1\\1\end{pmatrix}$, $\boldsymbol{u}_3=\begin{pmatrix}-3\\1\\-1\end{pmatrix}$, (2) $\boldsymbol{u}_1=\begin{pmatrix}1\\3\\-2\end{pmatrix}$, $\boldsymbol{u}_2=\begin{pmatrix}2\\1\\1\end{pmatrix}$, $\boldsymbol{u}_3=\begin{pmatrix}-3\\1\\-4\end{pmatrix}$,

(3) $\boldsymbol{u}_1=\begin{pmatrix}1\\3\\-2\end{pmatrix}$, $\boldsymbol{u}_2=\begin{pmatrix}2\\-1\\1\end{pmatrix}$, $\boldsymbol{u}_3=\begin{pmatrix}1\\10\\-7\end{pmatrix}$, $\boldsymbol{u}_4=\begin{pmatrix}6\\-10\\8\end{pmatrix}$

(1)

$$c_1\boldsymbol{u}_1+c_2\boldsymbol{u}_2+c_3\boldsymbol{u}_3=\boldsymbol{0}$$

を満たす c_1，c_2，c_3 を求めます．これは，連立１次方程式

$$\begin{pmatrix}1&2&-3\\3&1&1\\-2&1&-1\end{pmatrix}\begin{pmatrix}c_1\\c_2\\c_3\end{pmatrix}=\begin{pmatrix}0\\0\\0\end{pmatrix}$$

の解を求めることです．$c_1=c_2=c_3=0$ のみがこの連立１次方程式の解です(２章ですでに解きました)．よって，$\boldsymbol{u}_1$，$\boldsymbol{u}_2$，$\boldsymbol{u}_3$ は１次独立です．

第２章「例」⑥参照

(2)

$$c_1\boldsymbol{u}_1+c_2\boldsymbol{u}_2+c_3\boldsymbol{u}_3=\boldsymbol{0}$$

を満たす c_1，c_2，c_3 を求めます．これは，連立１次方程式

$$\begin{pmatrix}1&2&-3\\3&1&1\\-2&1&-4\end{pmatrix}\begin{pmatrix}c_1\\c_2\\c_3\end{pmatrix}=\begin{pmatrix}0\\0\\0\end{pmatrix}$$

第２章「例」⑦参照

の解を求めることです．やはり２章で解きました．(0，0，0)だけでなく，たとえば(−1，2，1)もこの連立１次方程式の解となります．よって，$\boldsymbol{u}_1$，$\boldsymbol{u}_2$，$\boldsymbol{u}_3$ は１次従属です．なお，$\boldsymbol{u}_1$，$\boldsymbol{u}_2$ は１次独立で，これらを用いて $\boldsymbol{u}_3$ を

$$\boldsymbol{u}_3=1\boldsymbol{u}_1+(-2)\ \boldsymbol{u}_2$$

と表せます．

(3)

$$c_1\boldsymbol{u}_1+c_2\boldsymbol{u}_2+c_3\boldsymbol{u}_3+c_4\boldsymbol{u}_4=\boldsymbol{0}$$

を満たす c_1，c_2，c_3，c_4 を求めます．これは，連立１次方程式

$$\begin{pmatrix} 1 & 2 & 1 & 6 \\ 3 & -1 & 10 & -10 \\ -2 & 1 & -7 & 8 \end{pmatrix}\begin{pmatrix} c_1 \\ c_2 \\ c_3 \\ c_4 \end{pmatrix}=\begin{pmatrix} 0 \\ 0 \\ 0 \end{pmatrix}$$

第2章「例」⑧参照

の解を求めることです．やはり2章で解きました．(0, 0, 0, 0)だけでなく，たとえば(2, −4, 0, 1)もこの連立1次方程式の解となります．よって，$\boldsymbol{u}_1$, $\boldsymbol{u}_2$, $\boldsymbol{u}_3$, $\boldsymbol{u}_4$は1次従属です．なお，$\boldsymbol{u}_1$, $\boldsymbol{u}_2$は1次独立で，これらを用いて$\boldsymbol{u}_3$, $\boldsymbol{u}_4$を

$$\boldsymbol{u}_3=3\cdot\boldsymbol{u}_1+(-1)\boldsymbol{u}_2,$$
$$\boldsymbol{u}_4=(-2)\boldsymbol{u}_1+4\cdot\boldsymbol{u}_2$$

と表せます．

一般にn次元ベクトルが$n+1$個以上あれば，それらは1次従属です．

定義・2

ベクトルの組と行列の積

ベクトル空間Vのn個のベクトル$\boldsymbol{u}_1$, $\boldsymbol{u}_2$, …, $\boldsymbol{u}_n$がVのm個のベクトル$\boldsymbol{v}_1$, $\boldsymbol{v}_2$, … $\boldsymbol{v}_m$の1次結合で以下の通り表されているとします．

$$\boldsymbol{u}_1=a_{11}\boldsymbol{v}_1+a_{21}\boldsymbol{v}_2+\cdots+a_{m1}\boldsymbol{v}_m$$
$$\boldsymbol{u}_2=a_{12}\boldsymbol{v}_1+a_{22}\boldsymbol{v}_2+\cdots+a_{m2}\boldsymbol{v}_m$$
$$\vdots$$
$$\boldsymbol{u}_n=a_{1n}\boldsymbol{v}_1+a_{2n}\boldsymbol{v}_2+\cdots+a_{mn}\boldsymbol{v}_m$$

ただし，a_{11}, a_{21}, …, a_{m1}, a_{12}, a_{22}, …, a_{m2}, …, a_{1n}, a_{1n}, …, $a_{mn}\in\boldsymbol{R}$とします．

ここで，ベクトルの組($\boldsymbol{v}_1$, $\boldsymbol{v}_2$, … $\boldsymbol{v}_m$)をベクトルを成分とする行ベクトルと考えて，($\boldsymbol{v}_1$, $\boldsymbol{v}_2$, …, $\boldsymbol{v}_m$)と行列$A=(a_{ij})$の積を以下の通り定義します．

$$(\boldsymbol{v}_1,\ \boldsymbol{v}_2,\ \cdots,\ \boldsymbol{v}_m)\begin{pmatrix} a_{11} & a_{12} & \cdots & a_{1n} \\ a_{21} & a_{22} & \cdots & a_{2n} \\ \vdots & \vdots & \ddots & \vdots \\ a_{m1} & a_{m2} & \cdots & a_{mn} \end{pmatrix}=(\boldsymbol{u}_1,\ \boldsymbol{u}_2,\ \cdots,\ \boldsymbol{u}_n)$$

例・2

定義に従って計算してみましょう．

①

$$(\boldsymbol{v}_1,\ \boldsymbol{v}_2)\begin{pmatrix} 6 & 4 & -5 \\ -1 & 2 & 3 \end{pmatrix}=(6\boldsymbol{v}_1-\boldsymbol{v}_2,\ 4\boldsymbol{v}_1+2\boldsymbol{v}_2,\ -5\boldsymbol{v}_1+3\boldsymbol{v}_2)$$

です．

② V をベクトル空間とします．$\boldsymbol{u}_1,\ \boldsymbol{u}_2,\ \boldsymbol{u}_3,\ \boldsymbol{v}_1,\ \boldsymbol{v}_2,\ \boldsymbol{v}_3 \in V$．$\boldsymbol{u}_1,\ \boldsymbol{u}_2,\ \boldsymbol{u}_3$ が $\boldsymbol{v}_1,\ \boldsymbol{v}_2,\ \boldsymbol{v}_3$ の１次結合で，以下の通り表されているとします．

$$\begin{cases} \boldsymbol{u}_1= \boldsymbol{v}_1+3\boldsymbol{v}_2-2\boldsymbol{v}_3 \\ \boldsymbol{u}_2= 2\boldsymbol{v}_1+\boldsymbol{v}_2+\boldsymbol{v}_3 \\ \boldsymbol{u}_3=-3\boldsymbol{v}_1+\boldsymbol{v}_2-\boldsymbol{v}_3 \end{cases}$$

(1) $(\boldsymbol{u}_1,\ \boldsymbol{u}_2,\ \boldsymbol{u}_3)$ を $(\boldsymbol{v}_1,\ \boldsymbol{v}_2,\ \boldsymbol{v}_3)$ と行列との積として表しましょう．

(2) $\boldsymbol{v}_1,\ \boldsymbol{v}_2,\ \boldsymbol{v}_3$ が１次独立と仮定します．このとき，$\boldsymbol{u}_1,\ \boldsymbol{u}_2,\ \boldsymbol{u}_3$ が１次独立か１次従属であるかについて考えましょう．

(1)

$$(\boldsymbol{u}_1,\ \boldsymbol{u}_2,\ \boldsymbol{u}_3)=(\boldsymbol{v}_1,\ \boldsymbol{v}_2,\ \boldsymbol{v}_3)\begin{pmatrix} 1 & 2 & -3 \\ 3 & 1 & 1 \\ -2 & 1 & -1 \end{pmatrix}$$

(2)

$$c_1\boldsymbol{u}_1+c_2\boldsymbol{u}_2+c_3\boldsymbol{u}_3=\boldsymbol{0} \tag{9.2}$$

を満たす $(c_1,\ c_2,\ c_3)$ が $(0,\ 0,\ 0)$ のみであるかどうかを調べます．

$$\boldsymbol{0}=c_1\boldsymbol{u}_1+c_2\boldsymbol{u}_2+c_3\boldsymbol{u}_3=(\boldsymbol{u}_1,\ \boldsymbol{u}_2,\ \boldsymbol{u}_3)\begin{pmatrix} c_1 \\ c_2 \\ c_3 \end{pmatrix}=(\boldsymbol{v}_1,\ \boldsymbol{v}_2,\ \boldsymbol{v}_3)\begin{pmatrix} 1 & 2 & -3 \\ 3 & 1 & 1 \\ -2 & 1 & -1 \end{pmatrix}\begin{pmatrix} c_1 \\ c_2 \\ c_3 \end{pmatrix}$$

ここで，$\boldsymbol{v}_1,\ \boldsymbol{v}_2,\ \boldsymbol{v}_3$ が１次独立という仮定より，

$$a_1\boldsymbol{v}_1+a_2\boldsymbol{v}_2+a_3\boldsymbol{v}_3=\boldsymbol{0}$$

を満たす $(a_1,\ a_2,\ a_3)$ は $(0,\ 0,\ 0)$ のみです．これより，$(c_1,\ c_2,\ c_3)$ は

$$\begin{pmatrix} 1 & 2 & -3 \\ 3 & 1 & 1 \\ -2 & 1 & -1 \end{pmatrix}\begin{pmatrix} c_1 \\ c_2 \\ c_3 \end{pmatrix}=\begin{pmatrix} 0 \\ 0 \\ 0 \end{pmatrix}$$

第２章「例」⑥参照

を満たします．この連立１次方程式の解は $(c_1,\ c_2,\ c_3)=(0,\ 0,\ 0)$ のみです（２章で計算しました）．以上より，$\boldsymbol{u}_1,\ \boldsymbol{u}_2,\ \boldsymbol{u}_3$ は１次独立です．

③ V をベクトル空間とします．$\boldsymbol{u}_1,\ \boldsymbol{u}_2,\ \boldsymbol{u}_3$ が $\boldsymbol{v}_1,\ \boldsymbol{v}_2,\ \boldsymbol{v}_3 \in V$，$\boldsymbol{u}_1,\ \boldsymbol{u}_2,\ \boldsymbol{u}_3$ が $\boldsymbol{v}_1,\ \boldsymbol{v}_2,\ \boldsymbol{v}_3$ の１次結合で以下の通り表されているとします．

$$\begin{cases} \boldsymbol{u}_1 = \boldsymbol{v}_1 + 3\boldsymbol{v}_2 - 2\boldsymbol{v}_3 \\ \boldsymbol{u}_2 = 2\boldsymbol{v}_1 + \boldsymbol{v}_2 + \boldsymbol{v}_3 \\ \boldsymbol{u}_3 = -3\boldsymbol{v}_1 + \boldsymbol{v}_2 - 4\boldsymbol{v}_3 \end{cases}$$

(1)　$(\boldsymbol{u}_1, \boldsymbol{u}_2, \boldsymbol{u}_3)$ を $(\boldsymbol{v}_1, \boldsymbol{v}_2, \boldsymbol{v}_3)$ と行列との積として表しましょう．

(2)　$\boldsymbol{v}_1, \boldsymbol{v}_2, \boldsymbol{v}_3$ が 1 次独立と仮定します．このとき，$\boldsymbol{u}_1, \boldsymbol{u}_2, \boldsymbol{u}_3$ が 1 次独立か 1 次従属であるかについて考えましょう．

(1)

$$(\boldsymbol{u}_1, \boldsymbol{u}_2, \boldsymbol{u}_3) = (\boldsymbol{v}_1, \boldsymbol{v}_2, \boldsymbol{v}_3)\begin{pmatrix} 1 & 2 & -3 \\ 3 & 1 & 1 \\ -2 & 1 & -4 \end{pmatrix}$$

(2)

$$c_1\boldsymbol{u}_1 + c_2\boldsymbol{u}_2 + c_3\boldsymbol{u}_3 = \boldsymbol{0} \tag{9.3}$$

を満たす (c_1, c_2, c_3) が $(0, 0, 0)$ のみであるかどうかを調べます．

$$\boldsymbol{0} = c_1\boldsymbol{u}_1 + c_2\boldsymbol{u}_2 + c_3\boldsymbol{u}_3 = (\boldsymbol{u}_1, \boldsymbol{u}_2, \boldsymbol{u}_3)\begin{pmatrix} c_1 \\ c_2 \\ c_3 \end{pmatrix} = (\boldsymbol{v}_1, \boldsymbol{v}_2, \boldsymbol{v}_3)\begin{pmatrix} 1 & 2 & -3 \\ 3 & 1 & 1 \\ -2 & 1 & -4 \end{pmatrix}\begin{pmatrix} c_1 \\ c_2 \\ c_3 \end{pmatrix}$$

ここで，$\boldsymbol{v}_1, \boldsymbol{v}_2, \boldsymbol{v}_3$ が 1 次独立という仮定より，

$$a_1\boldsymbol{v}_1 + a_2\boldsymbol{v}_2 + a_3\boldsymbol{v}_3 = \boldsymbol{0}$$

を満たす (a_1, a_2, a_3) は $(0, 0, 0)$ のみです．これより，(c_1, c_2, c_3) は

$$\begin{pmatrix} 1 & 2 & -3 \\ 3 & 1 & 1 \\ -2 & 1 & -4 \end{pmatrix}\begin{pmatrix} c_1 \\ c_2 \\ c_3 \end{pmatrix} = \begin{pmatrix} 0 \\ 0 \\ 0 \end{pmatrix}$$

第 2 章「例」⑦参照

を満たします．ここで（2 章で解いたように），この連立 1 次方程式の解は $(c_1, c_2, c_3) = (0, 0, 0)$ のみではなく，たとえば $(-1, 2, 1)$ もこの連立 1 次方程式の解となります．以上より，$\boldsymbol{u}_1, \boldsymbol{u}_2, \boldsymbol{u}_3$ は 1 次従属です．実際，

$$\begin{aligned} -\boldsymbol{u}_1 + 2\boldsymbol{u}_2 + \boldsymbol{u}_3 &= -(\boldsymbol{v}_1 + 3\boldsymbol{v}_2 - 2\boldsymbol{v}_3) + 2(2\boldsymbol{v}_1 + \boldsymbol{v}_2 + \boldsymbol{v}_3) + (-3\boldsymbol{v}_1 + \boldsymbol{v}_2 - 4\boldsymbol{v}_3) \\ &= 0\cdot\boldsymbol{v}_1 + 0\cdot\boldsymbol{v}_2 + 0\cdot\boldsymbol{v}_3 = \boldsymbol{0} \end{aligned}$$

やってみましょう

① $\boldsymbol{R}^3$ の次のベクトルは1次独立か1次従属かを調べましょう．

(1) $\boldsymbol{u}_1=\begin{pmatrix}1\\1\\1\end{pmatrix}$,　$\boldsymbol{u}_2=\begin{pmatrix}1\\2\\3\end{pmatrix}$,　$\boldsymbol{u}_3=\begin{pmatrix}2\\1\\-1\end{pmatrix}$　(2) $\boldsymbol{u}_1=\begin{pmatrix}1\\1\\1\end{pmatrix}$,　$\boldsymbol{u}_2=\begin{pmatrix}1\\2\\3\end{pmatrix}$,　$\boldsymbol{u}_3=\begin{pmatrix}2\\1\\0\end{pmatrix}$

(1)

$$c_1\boldsymbol{u}_1+c_2\boldsymbol{u}_2+c_3\boldsymbol{u}_3=\boldsymbol{0}$$

を満たす c_1, c_2, c_3 を求めます．これは連立1次方程式

$$\begin{pmatrix}\quad\quad\quad\quad\end{pmatrix}\begin{pmatrix}c_1\\c_2\\c_3\end{pmatrix}=\begin{pmatrix}0\\0\\0\end{pmatrix}$$

の解を求めることです．よって，

$$c_1=c_2=c_3=0$$

第2章「やってみましょう」⑤参照

のみがこの連立1次方程式の解です（2章で解きました）．よって，$\boldsymbol{u}_1$, $\boldsymbol{u}_2$, $\boldsymbol{u}_3$ は1次＿＿＿＿です．

(2)

$$c_1\boldsymbol{u}_1+c_2\boldsymbol{u}_2+c_3\boldsymbol{u}_3=\boldsymbol{0}$$

を満たす c_1, c_2, c_3 を求めます．これは連立1次方程式

$$\begin{pmatrix}\quad\quad\quad\quad\end{pmatrix}\begin{pmatrix}c_1\\c_2\\c_3\end{pmatrix}=\begin{pmatrix}0\\0\\0\end{pmatrix}$$

の解を求めることです．(0, 0, 0) だけでなく，たとえば，(−3, 1, 1) もこの連立1次方程式の解となります．よって，$\boldsymbol{u}_1$, $\boldsymbol{u}_2$, $\boldsymbol{u}_3$ は1次＿＿＿＿です．

なお，$\boldsymbol{u}_1$，$\boldsymbol{u}_2$ は1次独立で，これらを用いて，$\boldsymbol{u}_3$ を

$$\boldsymbol{u}_3 = \square\, \boldsymbol{u}_1 + \square\, \boldsymbol{u}_2$$

と表すことができます．また，$\boldsymbol{u}_1$，$\boldsymbol{u}_3$ は1次独立で，これらを用いて $\boldsymbol{u}_2$ を

$$\boldsymbol{u}_2 = \square\, \boldsymbol{u}_1 + \square\, \boldsymbol{u}_3$$

と表すことができます．そして，$\boldsymbol{u}_2$，$\boldsymbol{u}_3$ は1次独立で，これを用いて $\boldsymbol{u}_1$ を

$$\boldsymbol{u}_1 = \square\, \boldsymbol{u}_2 + \square\, \boldsymbol{u}_3$$

と表すことができます．

② V をベクトル空間とします．

$\boldsymbol{u}_1$，$\boldsymbol{u}_2$，$\boldsymbol{u}_3$，$\boldsymbol{v}_1$，$\boldsymbol{v}_2$，$\boldsymbol{v}_3 \in V$ とします．

$\boldsymbol{u}_1$，$\boldsymbol{u}_2$，$\boldsymbol{u}_3$ が $\boldsymbol{v}_1$，$\boldsymbol{v}_2$，$\boldsymbol{v}_3$ の1次結合で以下の通り表されているとします．

$$\begin{cases} \boldsymbol{u}_1 = \boldsymbol{v}_1 + \boldsymbol{v}_2 + \boldsymbol{v}_3 \\ \boldsymbol{u}_2 = \boldsymbol{v}_1 + 2\boldsymbol{v}_2 + 3\boldsymbol{v}_3 \\ \boldsymbol{u}_3 = 2\boldsymbol{v}_1 + \boldsymbol{v}_2 \end{cases}$$

(i) $(\boldsymbol{u}_1, \boldsymbol{u}_2, \boldsymbol{u}_3)$ を $(\boldsymbol{v}_1, \boldsymbol{v}_2, \boldsymbol{v}_3)$ と行列の積として表しましょう．

(ii) $\boldsymbol{v}_1$，$\boldsymbol{v}_2$，$\boldsymbol{v}_3$ が1次独立と仮定します．このとき，$\boldsymbol{u}_1$，$\boldsymbol{u}_2$，$\boldsymbol{u}_3$ が1次独立か1次従属であるかについて考えましょう．

(i)

$$(\boldsymbol{u}_1, \boldsymbol{u}_2, \boldsymbol{u}_3) = (\boldsymbol{v}_1, \boldsymbol{v}_2, \boldsymbol{v}_3)\begin{pmatrix} \quad \end{pmatrix}$$

(ii)

$$c_1\boldsymbol{u}_1 + c_2\boldsymbol{u}_2 + c_3\boldsymbol{u}_3 = \boldsymbol{0}$$

を満たす (c_1, c_2, c_3) が $(0, 0, 0)$ のみであるかどうかを調べます．

$$\boldsymbol{0} = c_1\boldsymbol{u}_1 + c_2\boldsymbol{u}_2 + c_3\boldsymbol{u}_3$$

$$=(\boldsymbol{u}_1,\ \boldsymbol{u}_2,\ \boldsymbol{u}_3)\begin{pmatrix} c_1 \\ c_2 \\ c_3 \end{pmatrix}=(\boldsymbol{v}_1,\ \boldsymbol{v}_2,\ \boldsymbol{v}_3)\begin{pmatrix} \boxed{\quad} \end{pmatrix}\begin{pmatrix} c_1 \\ c_2 \\ c_3 \end{pmatrix}$$

ここで，$\boldsymbol{v}_1$，$\boldsymbol{v}_2$，$\boldsymbol{v}_3$ が1次独立という仮定より，

$$a_1\boldsymbol{v}_1+a_2\boldsymbol{v}_2+a_3\boldsymbol{v}_3=\boldsymbol{0}$$

を満たす $(a_1,\ a_2,\ a_3)$ は $(0,\ 0,\ 0)$ のみです．したがって，$(c_1,\ c_2,\ c_3)$ は

$$\begin{pmatrix} \boxed{\quad} \end{pmatrix}\begin{pmatrix} c_1 \\ c_2 \\ c_3 \end{pmatrix}=\begin{pmatrix} 0 \\ 0 \\ 0 \end{pmatrix}$$

を満たします．$(0,\ 0,\ 0)$ だけでなく $(-3,\ 1,\ 1)$ もこの連立1次方程式の解となります．

以上より，$\boldsymbol{u}_1$，$\boldsymbol{u}_2$，$\boldsymbol{u}_3$ は1次 $\boxed{\quad}$ です．

実際，

$$\begin{aligned} -3\boldsymbol{u}_1+\boldsymbol{u}_2+\boldsymbol{u}_3 &= -3(\boxed{\quad})+(\boxed{\quad}) \\ &\quad +(\boxed{\quad}) \\ &= \boxed{\quad}\,\boldsymbol{v}_1+\boxed{\quad}\,\boldsymbol{v}_2+\boxed{\quad}\,\boldsymbol{v}_3=\boxed{\quad} \end{aligned}$$

練習問題

① $\boldsymbol{R}^3$ の次のベクトルは1次独立か1次従属かを調べよ．

(1) $\boldsymbol{u}_1=\begin{pmatrix} 2 \\ 1 \\ -1 \end{pmatrix}$，$\boldsymbol{u}_2=\begin{pmatrix} 1 \\ 0 \\ 3 \end{pmatrix}$，$\boldsymbol{u}_3=\begin{pmatrix} 1 \\ 2 \\ -5 \end{pmatrix}$　(2) $\boldsymbol{u}_1=\begin{pmatrix} 2 \\ 1 \\ -1 \end{pmatrix}$，$\boldsymbol{u}_2=\begin{pmatrix} 1 \\ 0 \\ 3 \end{pmatrix}$，$\boldsymbol{u}_3=\begin{pmatrix} 1 \\ 2 \\ -11 \end{pmatrix}$

(3) $\boldsymbol{u}_1=\begin{pmatrix} 2 \\ 1 \\ -1 \end{pmatrix}$，$\boldsymbol{u}_2=\begin{pmatrix} 1 \\ 0 \\ 3 \end{pmatrix}$，$\boldsymbol{u}_3=\begin{pmatrix} 1 \\ 2 \\ -11 \end{pmatrix}$，$\boldsymbol{u}_4=\begin{pmatrix} 1 \\ 1 \\ -4 \end{pmatrix}$

(4) $\boldsymbol{u}_1=\begin{pmatrix} 2 \\ 1 \\ -1 \end{pmatrix}$,　$\boldsymbol{u}_2=\begin{pmatrix} 1 \\ 0 \\ 3 \end{pmatrix}$,　$\boldsymbol{u}_3=\begin{pmatrix} 4 \\ 0 \\ 6 \end{pmatrix}$

②　V を実ベクトル空間，$\boldsymbol{u}_1$，$\boldsymbol{u}_2$，$\boldsymbol{u}_3$，$\boldsymbol{v}_1$，$\boldsymbol{v}_2$，$\boldsymbol{v}_3 \in V$ とする．次の(1)，(2)，(3)について，$\boldsymbol{u}_1$，$\boldsymbol{u}_2$，$\boldsymbol{u}_3$ を $\boldsymbol{v}_1$，$\boldsymbol{v}_2$，$\boldsymbol{v}_3$ と行列の積として表せ．さらに，$\boldsymbol{v}_1$，$\boldsymbol{v}_2$，$\boldsymbol{v}_3$ が1次独立と仮定すると，$\boldsymbol{u}_1$，$\boldsymbol{u}_2$，$\boldsymbol{u}_3$ が1次独立か1次従属であるかについて論ぜよ．

(1) $\boldsymbol{u}_1=2\boldsymbol{v}_1+\boldsymbol{v}_2-\boldsymbol{v}_3$，$\boldsymbol{u}_2=\boldsymbol{v}_1+3\boldsymbol{v}_3$，$\boldsymbol{u}_3=\boldsymbol{v}_1+2\boldsymbol{v}_2-5\boldsymbol{v}_3$.

(2) $\boldsymbol{u}_1=2\boldsymbol{v}_1+\boldsymbol{v}_2-\boldsymbol{v}_3$，$\boldsymbol{u}_2=\boldsymbol{v}_1+3\boldsymbol{v}_3$，$\boldsymbol{u}_3=\boldsymbol{v}_1+2\boldsymbol{v}_2-11\boldsymbol{v}_3$.

(3) $\boldsymbol{u}_1=2\boldsymbol{v}_1+\boldsymbol{v}_2-\boldsymbol{v}_3$，$\boldsymbol{u}_2=\boldsymbol{v}_1+3\boldsymbol{v}_3$，$\boldsymbol{u}_3=4\boldsymbol{v}_1+6\boldsymbol{v}_3$.

答え

やってみましょうの答え

①

(1)

$$\left(\boxed{\begin{matrix} 1 & 1 & 2 \\ 1 & 2 & 1 \\ 1 & 3 & -1 \end{matrix}}\right)\begin{pmatrix} c_1 \\ c_2 \\ c_3 \end{pmatrix}=\begin{pmatrix} 0 \\ 0 \\ 0 \end{pmatrix}$$

，よって，$\boldsymbol{u}_1$，$\boldsymbol{u}_2$，$\boldsymbol{u}_3$ は1次 $\boxed{\text{独立}}$ です．

(2)

$$\left(\boxed{\begin{matrix} 1 & 1 & 2 \\ 1 & 2 & 1 \\ 1 & 3 & 0 \end{matrix}}\right)\begin{pmatrix} c_1 \\ c_2 \\ c_3 \end{pmatrix}=\begin{pmatrix} 0 \\ 0 \\ 0 \end{pmatrix}$$

，$\boldsymbol{u}_1$，$\boldsymbol{u}_2$，$\boldsymbol{u}_3$ は1次 $\boxed{\text{従属}}$ です．

$\boldsymbol{u}_3=\boxed{3}\,\boldsymbol{u}_1+\boxed{(-1)}\,\boldsymbol{u}_2$，$\boldsymbol{u}_2=\boxed{3}\,\boldsymbol{u}_1+\boxed{(-1)}\,\boldsymbol{u}_3$，$\boldsymbol{u}_1=\boxed{\dfrac{1}{3}}\,\boldsymbol{u}_2+\boxed{\dfrac{1}{3}}\,\boldsymbol{u}_3$

② (i) $(\boldsymbol{u}_1,\ \boldsymbol{u}_2,\ \boldsymbol{u}_3)=(\boldsymbol{v}_1,\ \boldsymbol{v}_2,\ \boldsymbol{v}_3)\left(\boxed{\begin{matrix}1&1&2\\1&2&1\\1&3&0\end{matrix}}\right)$

(ii)

$$\boldsymbol{0}=(\boldsymbol{v}_1,\ \boldsymbol{v}_2,\ \boldsymbol{v}_3)\left(\boxed{\begin{matrix}1&1&2\\1&2&1\\1&3&0\end{matrix}}\right)\begin{pmatrix}c_1\\c_2\\c_3\end{pmatrix},\ \left(\boxed{\begin{matrix}1&1&2\\1&2&1\\1&3&0\end{matrix}}\right)\begin{pmatrix}c_1\\c_2\\c_3\end{pmatrix}=\begin{pmatrix}0\\0\\0\end{pmatrix}$$

$\boldsymbol{u}_1,\ \boldsymbol{u}_2,\ \boldsymbol{u}_3$ は1次 $\boxed{\text{従属}}$ です．

$$-3\boldsymbol{u}_1+\boldsymbol{u}_2+\boldsymbol{u}_3=-3(\boxed{\boldsymbol{v}_1+\boldsymbol{v}_2+\boldsymbol{v}_3})+(\boxed{\boldsymbol{v}_1+2\boldsymbol{v}_2+3\boldsymbol{v}_3})+(\boxed{2\boldsymbol{v}_1+\boldsymbol{v}_2})$$
$$=\boxed{0}\cdot\boldsymbol{v}_1+\boxed{0}\cdot\boldsymbol{v}_2+\boxed{0}\cdot\boldsymbol{v}_3=\boxed{\boldsymbol{0}}$$

練習問題の答え

① (1) 1次独立，(2) 1次従属，(3) 1次従属，(4) 1次独立．

②

(1) $(\boldsymbol{u}_1,\ \boldsymbol{u}_2,\ \boldsymbol{u}_3)=(\boldsymbol{v}_1,\ \boldsymbol{v}_2,\ \boldsymbol{v}_3)\begin{pmatrix}2&1&1\\1&0&2\\-1&3&-5\end{pmatrix}$．$\boldsymbol{u}_1,\ \boldsymbol{u}_2,\ \boldsymbol{u}_3$ は1次独立である．

(2) $(\boldsymbol{u}_1,\ \boldsymbol{u}_2,\ \boldsymbol{u}_3)=(\boldsymbol{v}_1,\ \boldsymbol{v}_2,\ \boldsymbol{v}_3)\begin{pmatrix}2&1&1\\1&0&2\\-1&3&-11\end{pmatrix}$．$\boldsymbol{u}_1,\ \boldsymbol{u}_2,\ \boldsymbol{u}_3$ は1次従属である．

(3) $(\boldsymbol{u}_1,\ \boldsymbol{u}_2,\ \boldsymbol{u}_3)=(\boldsymbol{v}_1,\ \boldsymbol{v}_2,\ \boldsymbol{v}_3)\begin{pmatrix}2&1&4\\1&0&0\\-1&3&6\end{pmatrix}$．$\boldsymbol{u}_1,\ \boldsymbol{u}_2,\ \boldsymbol{u}_3$ は1次独立である．

10 ベクトル空間3（基底と次元）

定義と公式・1

V をベクトル空間とします．

基底

V の n 個のベクトル $\{\boldsymbol{v}_1, \boldsymbol{v}_2, \cdots, \boldsymbol{v}_n\}$ が次の(1)と(2)を満たすとき，$\boldsymbol{v}_1, \boldsymbol{v}_2, \cdots, \boldsymbol{v}_n$ は V の基底であるといいます．

(1)　$\boldsymbol{v}_1, \boldsymbol{v}_2, \cdots, \boldsymbol{v}_n$ は 1 次独立である．

(2)　任意の $\boldsymbol{v} \in V$ を $\boldsymbol{v}_1, \boldsymbol{v}_2, \cdots, \boldsymbol{v}_n$ の 1 次結合として表すことができる．

なお，任意の $\boldsymbol{v} \in V$ に対して，基底 $\{\boldsymbol{v}_1, \boldsymbol{v}_2, \cdots, \boldsymbol{v}_n\}$ を用いた $\boldsymbol{v}$ の表し方はただ 1 通りであることを示すことができます．

標準基底

$\boldsymbol{e}_1 = {}^t(1, 0, \cdots, 0)$，$\boldsymbol{e}_2 = {}^t(0, 1, 0, \cdots, 0)$，$\cdots$，$\boldsymbol{e}_n = {}^t(0, \cdots, 0, 1)$ は $\boldsymbol{R}^n$ の基底です．

まず，$\boldsymbol{e}_1, \boldsymbol{e}_2, \cdots, \boldsymbol{e}_n$ は 1 次独立です（前章で示しました）．さらに，任意の $\boldsymbol{x} = {}^t(x_1, x_2, \cdots, x_n) \in \boldsymbol{R}^n$ について，

第 9 章「例・1」①参照

$$\boldsymbol{x} = \begin{pmatrix} x_1 \\ 0 \\ \vdots \\ 0 \end{pmatrix} + \begin{pmatrix} 0 \\ x_2 \\ \vdots \\ 0 \end{pmatrix} + \cdots + \begin{pmatrix} 0 \\ 0 \\ \vdots \\ x_n \end{pmatrix} = x_1\boldsymbol{e}_1 + x_2\boldsymbol{e}_2 + \cdots + x_n\boldsymbol{e}_n$$

です．なお，$\{\boldsymbol{e}_1, \boldsymbol{e}_2, \cdots, \boldsymbol{e}_n\}$ を $\boldsymbol{R}^n$ の標準基底と呼びます．

公式の使い方（例）・1

(1)　$\left\{ \begin{pmatrix} 1 \\ 3 \\ -2 \end{pmatrix}, \begin{pmatrix} 2 \\ 1 \\ 1 \end{pmatrix}, \begin{pmatrix} -3 \\ 1 \\ -1 \end{pmatrix} \right\}$ が $\boldsymbol{R}^3$ の基底か否かについて考えましょう．

(2)　$\left\{ \begin{pmatrix} 1 \\ 3 \\ -2 \end{pmatrix}, \begin{pmatrix} 2 \\ 1 \\ 1 \end{pmatrix}, \begin{pmatrix} -3 \\ 1 \\ -4 \end{pmatrix} \right\}$ が $\boldsymbol{R}^3$ の基底か否かについて考えましょう．

(1) $\begin{pmatrix}1\\3\\-2\end{pmatrix}$, $\begin{pmatrix}2\\1\\1\end{pmatrix}$, $\begin{pmatrix}-3\\1\\-1\end{pmatrix}$ が1次独立であることは，すでに示しました(前章).

次に，$A=\begin{pmatrix}1&2&-3\\3&1&1\\-2&1&-1\end{pmatrix}$，$\boldsymbol{x}=\begin{pmatrix}x_1\\x_2\\x_3\end{pmatrix}$ とおくと，与えられた3つのベクトルの1次結合を

$$x_1\begin{pmatrix}1\\3\\-2\end{pmatrix}+x_2\begin{pmatrix}2\\1\\1\end{pmatrix}+x_3\begin{pmatrix}-3\\1\\-1\end{pmatrix}=\begin{pmatrix}1&2&-3\\3&1&1\\-2&1&-1\end{pmatrix}\begin{pmatrix}x_1\\x_2\\x_3\end{pmatrix}=A\boldsymbol{x}$$

と表せます．したがって，任意の $\boldsymbol{b}=\begin{pmatrix}b_1\\b_2\\b_3\end{pmatrix}\in\boldsymbol{R}^3$ に対して，連立1次方程式

$$A\boldsymbol{x}=\boldsymbol{b}$$

が解をもてば，与えられた3つのベクトルは $\boldsymbol{R}^3$ の基底です.

ここで，A は正則ですから，

第6章「公式の使い方(例)・3」(2)参照

$$\boldsymbol{x}=A^{-1}\boldsymbol{b}$$

よって，与えられた3つのベクトルは $\boldsymbol{R}^3$ の基底です.

(2) $\begin{pmatrix}1\\3\\-2\end{pmatrix}$, $\begin{pmatrix}2\\1\\1\end{pmatrix}$, $\begin{pmatrix}-3\\1\\-4\end{pmatrix}$ は1次独立ではありません．したがって，これらは $\boldsymbol{R}^3$ の基底ではありません.

第9章「例・1」②(2)参照

実際，$\begin{pmatrix}3\\9\\0\end{pmatrix}$ をこれらの3つのベクトルの1次結合として表すことはできません.

定義と公式・2

標準基底の例や例題から予想できると思いますが，あるベクトル空間 V の基底はただ1つではなく何通りも存在します．しかし，どの基底においてもそれを構成するベクトルの個数は一定です．実際，次の定理が成立します.

定理

ベクトル空間 V の基底を構成するベクトルの個数は，基底の取り方によらず一定です.

次元

ベクトル空間 V のある基底が有限個で構成されているならば，V は有限次元であるといい，その基底を構成するベクトルの個数を V の次元と呼び，$\dim(V)$ などと表します．ただし，$V=\{\mathbf{0}\}$ のときには $\dim(V)=0$ とします．

V が有限次元でないとき，V は無限次元であるといいます．以下では，V が有限次元の場合のみを考えます．なお，次元の定義は上の定理を基礎としています．

$\boldsymbol{R}^n$ の次元

$\boldsymbol{R}^n$ において，$\boldsymbol{e}_1={}^t(1,\ 0,\ \cdots,\ 0)$，$\boldsymbol{e}_2={}^t(0,\ 1,\ 0,\ \cdots,\ 0)$，$\cdots$，$\boldsymbol{e}_n={}^t(0,\ \cdots,\ 0,\ 1)$ は $\boldsymbol{R}^n$ の基底でしたから，$\dim(\boldsymbol{R}^n)=n$ です．

公式の使い方(例)・2

次の解空間の次元を求めましょう．さらに，その次元が 0 でない場合には 1 つの基底を求めてみましょう．

$$W=\left\{ {}^t(x_1,\ x_2,\ x_3,\ x_4)\in\boldsymbol{R}^4 \;\middle|\; \begin{pmatrix} 1 & 2 & 1 & 6 \\ 3 & -1 & 10 & -10 \\ -2 & 1 & -7 & 8 \end{pmatrix}\begin{pmatrix} x_1 \\ x_2 \\ x_3 \\ x_4 \end{pmatrix}=\begin{pmatrix} 0 \\ 0 \\ 0 \end{pmatrix} \right\}$$

この連立 1 次方程式の係数行列に(行)基本変形を施せば，

第 2 章「例」⑧参照

$\begin{pmatrix} 1 & 0 & 3 & -2 \\ 0 & 1 & -1 & 4 \\ 0 & 0 & 0 & 0 \end{pmatrix}$ を得るので，その解は，$\boldsymbol{x}=s\boldsymbol{u}_1+t\boldsymbol{u}_2$ (s，t は任意定数)．ただし

$\boldsymbol{u}_1=\begin{pmatrix} -3 \\ 1 \\ 1 \\ 0 \end{pmatrix}$，$\boldsymbol{u}_2=\begin{pmatrix} 2 \\ -4 \\ 0 \\ 1 \end{pmatrix}$ とします．

ここで，$\boldsymbol{u}_1$，$\boldsymbol{u}_2$ は 1 次独立であり，かつ，

$$W=\{s\boldsymbol{u}_1+t\boldsymbol{u}_2 \mid s,\ t\in\boldsymbol{R}\}$$

よって，$\dim(W)=2$ で $\{\boldsymbol{u}_1,\ \boldsymbol{u}_2\}$ が W の 1 つの基底です．

定義と公式・3

「公式の使い方(例)・2」からも予想がつくと思いますが，次の定理が成り立ちます．

定理

A を $m\times n$ 行列，$W=\{x\in \boldsymbol{R}^n | A\boldsymbol{x}=\boldsymbol{0}\}$ とします．このとき，

$$\dim(W)=n-\mathrm{rank}(A).$$

張られる空間

ベクトル空間 V の空でない部分集合 S に対し，S に含まれるベクトルの1次結合の全体

$$\{c_1\boldsymbol{u}_1+c_2\boldsymbol{u}_2+\cdots+c_n\boldsymbol{u}_n | c_i\in\boldsymbol{R},\ \boldsymbol{u}_i\in S\quad (i=1,\ 2,\ \cdots,\ n)\}$$

を S から生成される部分空間，または，S によって張られる部分空間といい，$\mathrm{span}(S)$ で表します．明らかに，$\mathrm{span}(S)$ は V の部分空間です．

公式の使い方(例)・3

次の各 S について，$\mathrm{span}(S)=\boldsymbol{R}^3$ となるかどうかを考えてみましょう．

(1) $S=\left\{\begin{pmatrix}1\\3\\-2\end{pmatrix},\begin{pmatrix}2\\1\\1\end{pmatrix},\begin{pmatrix}-3\\1\\-1\end{pmatrix}\right\}$，(2) $S=\left\{\begin{pmatrix}1\\3\\-2\end{pmatrix},\begin{pmatrix}2\\1\\1\end{pmatrix},\begin{pmatrix}-3\\1\\-4\end{pmatrix}\right\}$

(1) S が $\boldsymbol{R}^3$ の基底であるから，$\mathrm{span}(S)=\boldsymbol{R}^3$

「公式の使い方(例)・1」より

(2) $\begin{pmatrix}3\\9\\0\end{pmatrix}\in\boldsymbol{R}^3$ ですが，

$$\begin{pmatrix}3\\9\\0\end{pmatrix}=c_1\begin{pmatrix}1\\3\\-2\end{pmatrix}+c_2\begin{pmatrix}2\\1\\1\end{pmatrix}+c_3\begin{pmatrix}-3\\1\\-4\end{pmatrix}=\begin{pmatrix}1&2&-3\\3&1&1\\-2&1&-4\end{pmatrix}\begin{pmatrix}c_1\\c_2\\c_3\end{pmatrix}$$

を満たす $(c_1,\ c_2,\ c_3)$ は存在しません．よって，$\mathrm{span}(S)\neq\boldsymbol{R}^3$(もちろん，$\mathrm{span}(S)\subset\boldsymbol{R}^3$ です)．

ここで，ベクトル空間の視点から，連立1次方程式(2.2)

$$A\boldsymbol{x}=\boldsymbol{b} \tag{10.1}$$

を見直してみます．ただし，A は $m\times n$ 行列，$\boldsymbol{x}={}^t(x_1,\ x_2,\ \cdots,\ x_n)$，$\boldsymbol{b}\in\boldsymbol{R}^m$ です．

ここで，A の n 個の列ベクトルを $\boldsymbol{a}_1$，$\boldsymbol{a}_2$，$\cdots$，$\boldsymbol{a}_n$ で表すことにします．そうすると，(10.1)の左辺を

$$A\boldsymbol{x}=x_1\boldsymbol{a}_1+x_2\boldsymbol{a}_2+\cdots+x_n\boldsymbol{a}_n$$

と書き表せば，$A\boldsymbol{x}=\boldsymbol{b}$ が解をもつことは，$\boldsymbol{b}$ を $\boldsymbol{a}_1$，$\boldsymbol{a}_2$，$\cdots$，$\boldsymbol{a}_n$ の1次結合で表せること，す

なわち，

$$\boldsymbol{b} \in \mathrm{span}(\{\boldsymbol{a}_1,\ \boldsymbol{a}_2,\ \cdots,\ \boldsymbol{a}_n\}) \qquad (10.2)$$

この例として，第2章「例」①②などを参照してください．

と同値なことがわかります．これより，ただちに，

$$A\boldsymbol{x}=\boldsymbol{b}\ \text{に解が存在しない．} \Longleftrightarrow \boldsymbol{b} \notin \mathrm{span}(\{\boldsymbol{a}_1,\ \boldsymbol{a}_2,\ \cdots,\ \boldsymbol{a}_n\}). \qquad (10.3)$$

がわかります．さらに，(10．2) ならば，

$$\mathrm{span}(\{\boldsymbol{a}_1,\ \boldsymbol{a}_2,\ \cdots,\ \boldsymbol{a}_n\})=\mathrm{span}(\{\boldsymbol{a}_1,\ \boldsymbol{a}_2,\ \cdots,\ \boldsymbol{a}_n,\ \boldsymbol{b}\})$$

この例として，第2章「例」③などを参照してください．

ですから

$$\dim(\mathrm{span}(\{\boldsymbol{a}_1,\ \boldsymbol{a}_2,\ \cdots,\ \boldsymbol{a}_n\}))=\dim(\mathrm{span}(\{\boldsymbol{a}_1,\ \boldsymbol{a}_2,\ \cdots,\ \boldsymbol{a}_n,\ \boldsymbol{b}\})) \qquad (10.4)$$

を得ます．

次に，$A\boldsymbol{x}=\boldsymbol{b}$ に解が存在するという仮定のもとで，

$$A\boldsymbol{x}=\boldsymbol{b}\ \text{の解はただ 1 つ} \Longleftrightarrow \{\boldsymbol{a}_1,\ \boldsymbol{a}_2,\ \cdots,\ \boldsymbol{a}_n\}\ \text{は 1 次独立}$$

もわかります．

また，以上により，$A\boldsymbol{x}=\boldsymbol{b}$ の解がただ1つ存在することと

$$\dim(\mathrm{span}(\{\boldsymbol{a}_1,\ \boldsymbol{a}_2,\ \cdots,\ \boldsymbol{a}_n\}))=\dim(\mathrm{span}(\{\boldsymbol{a}_1,\ \boldsymbol{a}_2,\ \cdots,\ \boldsymbol{a}_n,\ \boldsymbol{b}\}))=n \qquad (10.5)$$

は同値です．また，$\boldsymbol{b}=\boldsymbol{0}$ とすれば，

$A\boldsymbol{x}=\boldsymbol{0}$ は $n-\dim(\mathrm{span}(\{\boldsymbol{a}_1,\ \boldsymbol{a}_2,\ \cdots,\ \boldsymbol{a}_n\}))$ 個の任意定数で表される
自明でない解をもつ (10.6)

ことがわかります．

(10.4) と「第3章定理3における $\mathrm{rank}(A)=\mathrm{rank}[(A \,\vdots\, \boldsymbol{b})]$」，
(10.5) と「第3章定理4における $\mathrm{rank}(A)=\mathrm{rank}[(A \,\vdots\, \boldsymbol{b})]=n$」，
(10.6) と「第3章定理5 $A\boldsymbol{x}=\boldsymbol{0}$ は $n-\mathrm{rank}(A)$ 個の任意定数で表される自明でない解をもつ」

はそれぞれ本質的に同じ内容を異なる形式で表現しているのです．

ベクトル空間の視点から，第2章で解いた問題を再度考えてみてください．

やってみましょう

①

(1) $\left\{\begin{pmatrix}1\\1\\1\end{pmatrix}, \begin{pmatrix}1\\2\\3\end{pmatrix}, \begin{pmatrix}2\\1\\-1\end{pmatrix}\right\}$ が $\boldsymbol{R}^3$ の基底か否かについて考えましょう．

$\left\{\begin{pmatrix}1\\1\\1\end{pmatrix}, \begin{pmatrix}1\\2\\3\end{pmatrix}, \begin{pmatrix}2\\1\\-1\end{pmatrix}\right\}$ が1次独立であることは，前章で確かめました．

次に，$A=\begin{pmatrix}1&1&2\\1&2&1\\1&3&-1\end{pmatrix}$，$\boldsymbol{x}=\begin{pmatrix}x_1\\x_2\\x_3\end{pmatrix}$ とおくと，与えられた3つのベクトルの1次結合を

$$x_1\begin{pmatrix}1\\1\\1\end{pmatrix}+x_2\begin{pmatrix}1\\2\\3\end{pmatrix}+x_3\begin{pmatrix}2\\1\\-1\end{pmatrix}=\begin{pmatrix}\boxed{\quad\quad}\end{pmatrix}\begin{pmatrix}x_1\\x_2\\x_3\end{pmatrix}=A\boldsymbol{x}$$

と表せます．したがって，任意の $\boldsymbol{b}\in\boldsymbol{R}^3$ に対して，連立1次方程式 $\boxed{\quad\quad}$ が解をもてば，与えられた3つのベクトルは $\boldsymbol{R}^3$ の基底です．

第5章「やってみましょう」①(2)参照

ここで，A は正則ですから，

$$\boldsymbol{x}=\boxed{\quad\quad}$$

よって，与えられた3つのベクトルは $\boldsymbol{R}^3$ の基底です．

(2) $\left\{\begin{pmatrix}1\\1\\1\end{pmatrix}, \begin{pmatrix}1\\2\\3\end{pmatrix}, \begin{pmatrix}2\\1\\0\end{pmatrix}\right\}$ が $\boldsymbol{R}^3$ の基底か否かについて考えましょう．

第9章「やってみましょう」①(2)参照

前章で確かめたように，

$\begin{pmatrix}1\\1\\1\end{pmatrix}, \begin{pmatrix}1\\2\\3\end{pmatrix}, \begin{pmatrix}2\\1\\0\end{pmatrix}$ は1次 $\boxed{\quad\quad}$ ではありません．

したがって，これらは $\boldsymbol{R}^3$ の基底ではありません．

実際，$\begin{pmatrix}1\\3\\9\end{pmatrix}$ をこれら3つのベクトルの1次結合として表すことはできません．

② 次の解空間の次元を求めましょう．さらに，その次元が 0 でない場合には，1 つの基底を求めましょう．

(1) $W=\left\{ {}^t(x,\ y,\ z)\in \boldsymbol{R}^3 \,\middle|\, \begin{pmatrix} 1 & 1 & 2 \\ 1 & 2 & 1 \\ 1 & 3 & 0 \end{pmatrix}\begin{pmatrix} x \\ y \\ z \end{pmatrix}=\begin{pmatrix} 0 \\ 0 \\ 0 \end{pmatrix} \right\}$

(2) $W=\left\{ {}^t(x_1,\ x_2,\ x_3,\ x_4,\ x_5)\in \boldsymbol{R}^5 \,\middle|\, \begin{pmatrix} 1 & 3 & 5 & 3 & 0 \\ 2 & 3 & 2 & 1 & 5 \\ 1 & 2 & 6 & 5 & -2 \\ 2 & 5 & 0 & -3 & 9 \end{pmatrix}\begin{pmatrix} x_1 \\ x_2 \\ x_3 \\ x_4 \\ x_5 \end{pmatrix}=\begin{pmatrix} 0 \\ 0 \\ 0 \\ 0 \end{pmatrix} \right\}$

(1) この連立 1 次方程式の係数行列に（行）基本変形を施せば，

$$\begin{pmatrix} \square \end{pmatrix}$$

を得るから，その解は

$$\begin{pmatrix} x \\ y \\ z \end{pmatrix}=\begin{pmatrix} \square \end{pmatrix}=c\begin{pmatrix} \square \end{pmatrix}$$

です．ただし，c は任意定数．

ここで，$\begin{pmatrix} \square \end{pmatrix}$（$=\boldsymbol{a}$ とおく）は 1 次独立であり，$W=\{c\boldsymbol{a} | c\in \boldsymbol{R}\}$．

よって，$\dim(W)=1$ で $\{\boldsymbol{a}\}$ が W の 1 つの基底です．

(2) この連立 1 次方程式の係数行列に（行）基本変形を施せば，

$$\begin{pmatrix} \quad \end{pmatrix}$$

を得るから，その解は

$$\begin{pmatrix} x_1 \\ x_2 \\ x_3 \\ x_4 \\ x_5 \end{pmatrix} = \begin{pmatrix} \quad \end{pmatrix} = s\begin{pmatrix} \quad \end{pmatrix} + t\begin{pmatrix} \quad \end{pmatrix} \quad (= s\boldsymbol{a} + t\boldsymbol{b} \text{ とおく})$$

です．ただし，s，t は任意定数です．

ここで，$\boldsymbol{a}$，$\boldsymbol{b}$ は1次独立であり，かつ，

$$W = \{s\boldsymbol{a} + t\boldsymbol{b} \mid s,\ t \in \boldsymbol{R}\}$$

よって，$\dim(W) = 2$ で $\{\boldsymbol{a},\ \boldsymbol{b}\}$ が W の1つの基底です．

③　次の各 S について，$\mathrm{span}(S) = \boldsymbol{R}^3$ となるか否かについて考えましょう．

(1)　$S = \left\{ \begin{pmatrix} 1 \\ 1 \\ 1 \end{pmatrix},\ \begin{pmatrix} 1 \\ 2 \\ 3 \end{pmatrix},\ \begin{pmatrix} 2 \\ 1 \\ -1 \end{pmatrix} \right\}$，(2)　$S = \left\{ \begin{pmatrix} 1 \\ 1 \\ 1 \end{pmatrix},\ \begin{pmatrix} 1 \\ 2 \\ 3 \end{pmatrix},\ \begin{pmatrix} 2 \\ 1 \\ 0 \end{pmatrix} \right\}$

(3)　$S = \left\{ \begin{pmatrix} 1 \\ 1 \\ 1 \end{pmatrix},\ \begin{pmatrix} 1 \\ 2 \\ 3 \end{pmatrix},\ \begin{pmatrix} 1 \\ 3 \\ 9 \end{pmatrix} \right\}$

(1)　①(1)より，S が $\boldsymbol{R}^3$ の基底であることから，

$$\mathrm{span}(S) = \boldsymbol{R}^3$$

(2)　$\begin{pmatrix} 1 \\ 3 \\ 9 \end{pmatrix} \in \boldsymbol{R}^3$ ですが，

第2章「やってみましょう」③参照

$$\begin{pmatrix} 1 \\ 3 \\ 9 \end{pmatrix} = c_1\begin{pmatrix} 1 \\ 1 \\ 1 \end{pmatrix} c_2\begin{pmatrix} 1 \\ 2 \\ 3 \end{pmatrix} + c_3\begin{pmatrix} 2 \\ 1 \\ 0 \end{pmatrix} = \begin{pmatrix} 1 & 1 & 2 \\ 1 & 2 & 1 \\ 1 & 3 & 0 \end{pmatrix}\begin{pmatrix} c_1 \\ c_2 \\ c_3 \end{pmatrix}$$

を満たす (c_1, c_2, c_3) は存在しません．よって，$\mathrm{span}(S) \neq \boldsymbol{R}^3$ (もちろん，$\mathrm{span}(S) \subset \boldsymbol{R}^3$).

$\boldsymbol{u}_3 = 3\boldsymbol{u}_1 + (-1)\boldsymbol{u}_2$ がわかるので，$\mathrm{span}(S) = \mathrm{span}(\{\boldsymbol{u}_1, \boldsymbol{u}_2\})$ がわかります．

(3)　$\mathrm{span}(S) \subset \boldsymbol{R}^3$ は明らかです．そこで，任意の $\boldsymbol{b} \in \boldsymbol{R}^3$ に対して，

$$\boldsymbol{b} = c_1\begin{pmatrix}1\\1\\1\end{pmatrix} + c_2\begin{pmatrix}1\\2\\3\end{pmatrix} + c_3\begin{pmatrix}1\\3\\9\end{pmatrix} = \begin{pmatrix}1&1&1\\1&2&3\\1&3&9\end{pmatrix}\begin{pmatrix}c_1\\c_2\\c_3\end{pmatrix}$$

を満たす $\boldsymbol{c} = {}^t(c_1, c_2, c_3)$ が存在することを示せば十分です．

これには，$A = \begin{pmatrix}1&1&1\\1&2&3\\1&3&9\end{pmatrix}$ が正則なことを示せば十分です．なぜなら，A が正則ならば

$$A\boldsymbol{c} = \boldsymbol{b}$$
$$\boldsymbol{c} = A^{-1}\boldsymbol{b}$$

となるからです．A が正則なことを示すには，$|A| \neq 0$ を示せば十分です．

$$|A| = \qquad \neq 0$$

以上より，$\mathrm{span}(S) \supset \boldsymbol{R}^3$ を得ます．よって，$\mathrm{span}(S) =$

練習問題

① (1), (2), (3)のベクトルの組が $\boldsymbol{R}^3$ の基底か否かについて論ぜよ．

(1) $\begin{pmatrix}2\\1\\-1\end{pmatrix}, \begin{pmatrix}1\\0\\3\end{pmatrix}, \begin{pmatrix}1\\2\\-5\end{pmatrix}$. (2) $\begin{pmatrix}2\\1\\-1\end{pmatrix}, \begin{pmatrix}1\\0\\3\end{pmatrix}, \begin{pmatrix}1\\2\\-11\end{pmatrix}$. (3) $\begin{pmatrix}2\\1\\-1\end{pmatrix}, \begin{pmatrix}1\\0\\3\end{pmatrix}, \begin{pmatrix}4\\0\\6\end{pmatrix}$.

② 第2章「練習問題」①(1), (3), (6), (7), (8)を係数行列とする同次形連立1次方程式それぞれについて，その解空間 W の次元を求めよ．さらに，$\dim(W) > 0$ ならば W の1つの基底を求めよ．

③ 練習問題①. (1), (2), (3)において，各ベクトルの組を S とするとき，$\mathrm{span}(S) = \boldsymbol{R}^3$ となるか否かについて論ぜよ．

答え

やってみましょうの答え

① (1)

$$x_1\begin{pmatrix}1\\1\\1\end{pmatrix}+x_2\begin{pmatrix}1\\2\\3\end{pmatrix}+x_3\begin{pmatrix}2\\1\\-1\end{pmatrix}=\left(\boxed{\begin{matrix}1&1&2\\1&2&1\\1&3&-1\end{matrix}}\right)\begin{pmatrix}x_1\\x_2\\x_3\end{pmatrix}=A\boldsymbol{x}$$,任意の $\boldsymbol{b}\in\boldsymbol{R}^3$ に対して,連立1次方程式

$\boxed{A\boldsymbol{x}=\boldsymbol{b}}$ が解をもてば,与えられた3つのベクトルは $\boldsymbol{R}^3$ の基底です. $\boldsymbol{x}=\boxed{A^{-1}\boldsymbol{b}}$

(2)

$\begin{pmatrix}1\\1\\1\end{pmatrix},\ \begin{pmatrix}1\\2\\3\end{pmatrix},\ \begin{pmatrix}2\\1\\0\end{pmatrix}$ は1次 $\boxed{\text{独立}}$ ではありません.

② (1) $\left(\boxed{\begin{matrix}1&0&3\\0&1&-1\\0&0&0\end{matrix}}\right)$, $\begin{pmatrix}x\\y\\z\end{pmatrix}=\left(\boxed{\begin{matrix}-3c\\c\\c\end{matrix}}\right)=c\left(\boxed{\begin{matrix}-3\\1\\1\end{matrix}}\right)$, ここで, $\left(\boxed{\begin{matrix}-3\\1\\1\end{matrix}}\right)$ は1次独立.

(2)

$$\left(\boxed{\begin{matrix}1&0&0&1&2\\0&1&0&-1&1\\0&0&1&1&-1\\0&0&0&0&0\end{matrix}}\right),\quad \begin{pmatrix}x_1\\x_2\\x_3\\x_4\\x_5\end{pmatrix}=\left(\boxed{\begin{matrix}-s-2t\\s-t\\-s+t\\s\\t\end{matrix}}\right)=s\left(\boxed{\begin{matrix}-1\\1\\-1\\1\\0\end{matrix}}\right)+t\left(\boxed{\begin{matrix}-2\\-1\\1\\0\\1\end{matrix}}\right)$$

③ $|A|=\boxed{4}\neq0$, $\mathrm{span}(S)=\boxed{\boldsymbol{R}^3}$

練習問題の答え

① (1)のベクトルの組は $\boldsymbol{R}^3$ の基底である. (2)のベクトルの組は $\boldsymbol{R}^3$ の基底ではない.
(3)のベクトルの組は $\boldsymbol{R}^3$ の基底である.

② (1) $\dim(W)=0$, (3) $\dim(W)=1$ で $\{{}^t(-2,\ 3,\ 1)\}$ が W の1つの基底である.
(6) $\dim(W)=1$ で $\{{}^t(1,\ 1,\ -1,\ 1)\}$ が W の1つの基底である.
(7) $\dim(W)=2$ で $\{{}^t(1,\ 1,\ 1,\ 0),\ {}^t(-2,\ -1,\ 0,\ 1)\}$ が W の1つの基底である.
(8) $\dim(W)=3$ で $\{{}^t(-2,\ 1,\ 1,\ 0,\ 0),\ {}^t(-1,\ -1,\ 0,\ 1,\ 0),\ {}^t(-3,\ 1,\ 0,\ 0,\ 1)\}$ が W の1つの基底である.

③ (1) $\mathrm{span}(S)=\boldsymbol{R}^3$. (2) $\mathrm{span}(S)\neq\boldsymbol{R}^3$. もちろん, $\mathrm{span}(S)\subset\boldsymbol{R}^3$. (3) $\mathrm{span}(S)=\boldsymbol{R}^3$.

11 1次変換と行列1（定義と例）

定義・1

線形写像

ベクトル空間 V からベクトル空間 U への写像 T が線形写像であるとは，T が次の(1)と(2)を満たすことをいいます．

(1) $T(\boldsymbol{u}+\boldsymbol{v})=T(\boldsymbol{u})+T(\boldsymbol{v})$ （$\boldsymbol{u}$，$\boldsymbol{v}\in V$）

(2) $T(c\boldsymbol{u})=cT(\boldsymbol{u})$ （$\boldsymbol{u}\in V$，$c\in \boldsymbol{R}$）

なお，V の零ベクトルを $\boldsymbol{0}_V$，U の零ベクトルを $\boldsymbol{0}_U$ で表せば，$T(\boldsymbol{0}_V)=\boldsymbol{0}_U$ となることは明らかです．特に，V から V 自身への線形写像を V の1次変換または線形変換といいます．

例・1

① 次の写像が線形写像かどうか調べましょう．

(1) $T(\boldsymbol{x})=x_1+x_2 \quad : \boldsymbol{R}^2 \longrightarrow \boldsymbol{R}$，(2) $T(\boldsymbol{x})=x_1x_2 \quad : \boldsymbol{R}^2 \longrightarrow \boldsymbol{R}$

(3) $T(\boldsymbol{x})=\begin{pmatrix} 3x_1-2x_2+1 \\ 2x_1+x_2 \end{pmatrix} \quad : \boldsymbol{R}^2 \longrightarrow \boldsymbol{R}^2$

(4) A を $m\times n$ 行列とします．$T(\boldsymbol{x})=A\boldsymbol{x} \quad : \boldsymbol{R}^n \longrightarrow \boldsymbol{R}^m$ （行列変換ともいいます）

(1) $\boldsymbol{x}={}^t(x_1,\ x_2)$，$\boldsymbol{y}={}^t(y_1,\ y_2)\in\boldsymbol{R}^2$，$c\in\boldsymbol{R}$ とする．

$$\begin{aligned} T(\boldsymbol{x}+\boldsymbol{y}) &= T({}^t(x_1+y_1,\ x_2+y_2)) \\ &=(x_1+y_1)+(x_2+y_2) \\ &=(x_1+x_2)+(y_1+y_2)=T(\boldsymbol{x})+T(\boldsymbol{y}) \end{aligned}$$

$T(c\boldsymbol{x})=T({}^t(cx_1,\ cx_2))=cx_1+cx_2=c(x_1+x_2)=cT(\boldsymbol{x})$以上より T は線形写像です．

(2) $\boldsymbol{x}={}^t(1,\ 0)$，$\boldsymbol{y}={}^t(0,\ 1)$ とおきます．このとき，

$$T(\boldsymbol{x}+\boldsymbol{y})=1,\quad T(\boldsymbol{x})=0\cdot1=0,\quad T(\boldsymbol{y})=1\cdot0=0$$

ですから

$$T(\boldsymbol{x}+\boldsymbol{y})\neq T(\boldsymbol{x})+T(\boldsymbol{y})$$

よって，T は線形写像ではありません．

(3) $T\left(\begin{pmatrix}0\\0\end{pmatrix}\right)=\begin{pmatrix}1\\0\end{pmatrix}\neq\begin{pmatrix}0\\0\end{pmatrix}$ なので T は線形写像ではありません．

(4) $\boldsymbol{x}$，$\boldsymbol{y}\in\boldsymbol{R}^n$，$c\in\boldsymbol{R}$ とします．

$$T(\boldsymbol{x}+\boldsymbol{y})=A(\boldsymbol{x}+\boldsymbol{y})=A\boldsymbol{x}+A\boldsymbol{y}=T(\boldsymbol{x})+T(\boldsymbol{y}),$$
$$T(c\boldsymbol{x})=A(c\boldsymbol{x})=cA\boldsymbol{x}=c\cdot T(\boldsymbol{x}),$$

以上より T は線形写像です．

② 以下の１次変換 $T:\boldsymbol{R}^2\longrightarrow\boldsymbol{R}^2$ について $T(\boldsymbol{x})=A\boldsymbol{x}$ となる A を求めましょう．

(1) $T\begin{pmatrix}1\\1\end{pmatrix}=\begin{pmatrix}1\\2\end{pmatrix}$，$T\begin{pmatrix}1\\3\end{pmatrix}=\begin{pmatrix}2\\5\end{pmatrix}$

(2) $T(\boldsymbol{x})$ は原点を中心に $\boldsymbol{x}$ を角 θ 回転する変換．

(1)

$A\begin{pmatrix}1\\1\end{pmatrix}=\begin{pmatrix}1\\2\end{pmatrix}$，$A\begin{pmatrix}1\\3\end{pmatrix}=\begin{pmatrix}2\\5\end{pmatrix}$ より，$A\begin{pmatrix}1&1\\1&3\end{pmatrix}=\begin{pmatrix}1&2\\2&5\end{pmatrix}$．よって

$$A=\begin{pmatrix}1&2\\2&5\end{pmatrix}\begin{pmatrix}1&1\\1&3\end{pmatrix}^{-1}=\frac{1}{2}\begin{pmatrix}1&1\\1&3\end{pmatrix}$$

(2)

$$A\begin{pmatrix}1\\0\end{pmatrix}=\begin{pmatrix}\cos\theta\\\sin\theta\end{pmatrix},\ A\begin{pmatrix}0\\1\end{pmatrix}=\begin{pmatrix}\cos\left(\theta+\frac{\pi}{2}\right)\\\sin\left(\theta+\frac{\pi}{2}\right)\end{pmatrix}=\begin{pmatrix}-\sin\theta\\\cos\theta\end{pmatrix}$$

より，

$$A=\begin{pmatrix}\cos\theta&-\sin\theta\\\sin\theta&\cos\theta\end{pmatrix}.$$

定義と公式・2

像，核，階数，退化次数

T はベクトル空間 V からベクトル空間 U への線形写像とします．このとき，

$$\mathrm{Im}(T)=\{T(\boldsymbol{v})|\boldsymbol{v}\in V\}$$

を T の像といい，

「rank」という記号を「行列 A の階数」を表すために用いていたことを覚えている人は多いでしょう．そのような人は，「この記号が原因で自分は混乱してしまう！」と思

$$\mathrm{Ker}(T)=\{\boldsymbol{v}\in V \mid T(\boldsymbol{v})=\boldsymbol{0}_U\}$$

を T の核といいます．さらに，

$$\mathrm{rank}(T)=\dim(\mathrm{Im}(T))$$

を T の階数，

$$\mathrm{null}(T)=\dim(\mathrm{Ker}(T))$$

を T の退化次数といいます．

なお，$\mathrm{Im}(T)$ は U の部分空間であり，$\mathrm{Ker}(T)$ は V の部分空間です．

うかもしれません．ですが，次章で確認するように，有限次元の場合には，行列と線形写像とは同一視ができるうえ，線形写像 T の階数と T に対応する行列 A の階数が等しいのです．そこで，ここでは，線形写像 T の階数を表す記号として「rank」を用いることにします．

公式の使い方(例)・2

① 次の線形写像について，

(i) $\mathrm{null}(T)$ と $\mathrm{Ker}(T)$ の1組の基底

および

(ii) $\mathrm{rank}(T)$ と $\mathrm{Im}(T)$ の1組の基底

を求めてみましょう．

(1) $A=\begin{pmatrix} 1 & 2 & -3 \\ 3 & 1 & 1 \\ -2 & 1 & -1 \end{pmatrix}$ を用いて，$T: \boldsymbol{R}^3 \longrightarrow \boldsymbol{R}^3$ を $T(\boldsymbol{x})=A\boldsymbol{x}$ と定める．

(2) $A=\begin{pmatrix} 1 & 2 & 1 & 6 \\ 3 & -1 & 10 & -10 \\ -2 & 1 & -7 & 8 \end{pmatrix}$ を用いて，$T: \boldsymbol{R}^4 \longrightarrow \boldsymbol{R}^3$ を $T(\boldsymbol{x})=A\boldsymbol{x}$ と定める．

(1)

(i) $\mathrm{Ker}(T)=\{\boldsymbol{x}\in\boldsymbol{R}^3 \mid T(\boldsymbol{x})=\boldsymbol{0}\}=\{\boldsymbol{x}\in\boldsymbol{R}^3 \mid A\boldsymbol{x}=\boldsymbol{0}\}$

ですから，

第2章「例」⑥参照

$$\mathrm{Ker}(T)=\{\boldsymbol{0}\}$$

となります．すなわち，$\mathrm{Ker}(T)$ の基底は存在しません．さらに，

$$\mathrm{null}(T)=\dim(\mathrm{Ker}(T))=\dim(\{\boldsymbol{0}\})=0$$

(ii)

$$\mathrm{Im}(T)=\{T(\boldsymbol{x}) \mid \boldsymbol{x}\in\boldsymbol{R}^3\}=\{A\boldsymbol{x} \mid \boldsymbol{x}\in\boldsymbol{R}^3\}$$

第10章「公式の使い方(例)・1」(1)参照

$$=\left\{x_1\begin{pmatrix}1\\3\\-2\end{pmatrix}+x_2\begin{pmatrix}2\\1\\1\end{pmatrix}+x_3\begin{pmatrix}-3\\1\\-1\end{pmatrix}\middle|\, x_1,\ x_2,\ x_3\in\boldsymbol{R}\right\}$$

ですから，$\mathrm{Im}(T)=\boldsymbol{R}^3$．よって $\mathrm{Im}(T)$ の基底として，$\left\{\begin{pmatrix}1\\3\\-2\end{pmatrix},\begin{pmatrix}2\\1\\1\end{pmatrix},\begin{pmatrix}-3\\1\\-1\end{pmatrix}\right\}$ がとれ，

$$\mathrm{rank}(T)=\dim(\mathrm{Im}(T))=3.$$

(2) (i)

$\mathrm{Ker}(T)=\{\boldsymbol{x}\in\boldsymbol{R}^4 \mid A\boldsymbol{x}=\boldsymbol{0}\}$ ですから，

第 10 章「公式の使い方(例)・2」参照

$$\mathrm{Ker}(T)=\left\{s\begin{pmatrix}-3\\1\\1\\0\end{pmatrix}+t\begin{pmatrix}2\\-4\\0\\1\end{pmatrix}\middle|\, s,\ t\in\boldsymbol{R}\right\}$$

で，$\mathrm{Ker}(T)$ の基底として，$\left\{\begin{pmatrix}-3\\1\\1\\0\end{pmatrix},\begin{pmatrix}2\\-4\\0\\1\end{pmatrix}\right\}$ がとれ，

$$\mathrm{null}(T)=\dim(\mathrm{Ker}(T))=2.$$

(ii)

$\mathrm{Im}(T)=\{A\boldsymbol{x} \mid \boldsymbol{x}\in\boldsymbol{R}^4\}$

$$=\left\{x_1\begin{pmatrix}1\\3\\-2\end{pmatrix}+x_2\begin{pmatrix}2\\-1\\1\end{pmatrix}+x_3\begin{pmatrix}1\\10\\-7\end{pmatrix}+x_4\begin{pmatrix}6\\-10\\8\end{pmatrix}\middle|\, x_1,\ x_2,\ x_3,\ x_4\in\boldsymbol{R}\right\}$$

ここで，

$$\begin{pmatrix}1\\10\\-7\end{pmatrix}=3\begin{pmatrix}1\\3\\-2\end{pmatrix}+(-1)\begin{pmatrix}2\\-1\\1\end{pmatrix},\quad \begin{pmatrix}6\\-10\\8\end{pmatrix}=(-2)\begin{pmatrix}1\\3\\-2\end{pmatrix}+4\begin{pmatrix}2\\-1\\1\end{pmatrix}$$

であり，かつ $\begin{pmatrix}1\\3\\-2\end{pmatrix},\begin{pmatrix}2\\-1\\1\end{pmatrix}$ は 1 次独立なので，

$$\mathrm{Im}(T)=\left\{x_1\begin{pmatrix}1\\3\\-2\end{pmatrix}+x_2\begin{pmatrix}2\\-1\\1\end{pmatrix}\middle|\, x_1,\ x_2\in\boldsymbol{R}\right\}$$

を得ます．以上より $\mathrm{Im}(T)$ の基底として，$\left\{\begin{pmatrix}1\\3\\-2\end{pmatrix},\begin{pmatrix}2\\-1\\1\end{pmatrix}\right\}$ がとれ，

$$\mathrm{rank}(T)=\dim(\mathrm{Im}(T))=2$$

今までの例をみれば

$$\mathrm{null}(T)+\mathrm{rank}(T)=n.$$

がわかります．これは，任意定数の個数が n から簡約な行列の主成分の個数をひいたものに等しいということです．

より一般に次の定理が成立します．

定理

T を K 上のベクトル空間 V から K 上のベクトル空間 U への線形写像とします．このとき

$$\mathrm{null}(T)+\mathrm{rank}(T)=\dim(V)$$

が成り立ちます．

やってみましょう

① 次の線形写像 T について，

(i) $\mathrm{null}(T)$ と $\mathrm{Ker}(T)$ の 1 組の基底，

(ii) $\mathrm{rank}(T)$ と $\mathrm{Im}(T)$ の 1 組の基底

を求めましょう．

$A=\begin{pmatrix}1&1&2\\1&2&1\\1&3&0\end{pmatrix}$ を用いて，$T:\boldsymbol{R}^3\longrightarrow\boldsymbol{R}^3$ を $T(\boldsymbol{x})=A\boldsymbol{x}$ と定めます．

(i) $\mathrm{Ker}(T)=\{\boldsymbol{x}\in\boldsymbol{R}^3|A\boldsymbol{x}=\boldsymbol{0}\}$ ですから，

第 10 章「やってみましょう」②(1)参照

$$\mathrm{Ker}(T)=\left\{c\begin{pmatrix}-3\\1\\1\end{pmatrix}\middle|\, c\in\boldsymbol{R}\right\}$$

です．ゆえに，Ker(T) の基底として，$\left\{\begin{pmatrix} -3 \\ 1 \\ 1 \end{pmatrix}\right\}$ がとれ，

$$\mathrm{null}(T)=\dim(\mathrm{Ker}(T))=\boxed{}$$

(ii)

$$\mathrm{Im}(T)=\{A\boldsymbol{x}\,|\,\boldsymbol{x}\in\boldsymbol{R}^3\}$$

$$=\left\{x_1\begin{pmatrix} \boxed{} \end{pmatrix}+x_2\begin{pmatrix} \boxed{} \end{pmatrix}+x_3\begin{pmatrix} \boxed{} \end{pmatrix}\middle|\, x_1,\ x_2,\ x_3\in\boldsymbol{R}\right\}$$

ここで，

$$\begin{pmatrix} 2 \\ 1 \\ 0 \end{pmatrix}=3\cdot\begin{pmatrix} 1 \\ 1 \\ 1 \end{pmatrix}+(-1)\begin{pmatrix} 1 \\ 2 \\ 3 \end{pmatrix}$$

であり，かつ，$\begin{pmatrix} 1 \\ 1 \\ 1 \end{pmatrix}$，$\begin{pmatrix} 1 \\ 2 \\ 3 \end{pmatrix}$ は 1 次独立なので

$$\mathrm{Im}(T)=\left\{x_1\begin{pmatrix} \boxed{} \end{pmatrix}+x_2\begin{pmatrix} \boxed{} \end{pmatrix}\middle|\, x_1,\ x_2\in\boldsymbol{R}\right\}$$

を得ます．以上より Im(T) の基底として，$\left\{\begin{pmatrix} \boxed{} \end{pmatrix},\ \begin{pmatrix} \boxed{} \end{pmatrix}\right\}$ がとれ，

$$\mathrm{rank}(T)=\dim(\mathrm{Im}(T))=\boxed{}$$

練習問題

① 次の写像が線形写像かどうかを調べよ．

(1) $T(x)={}^t(x,\ -x):\boldsymbol{R}\longrightarrow\boldsymbol{R}^2$．　(2) $T(\boldsymbol{x})=|x_1+x_2+x_3|:\boldsymbol{R}^3\longrightarrow\boldsymbol{R}$．

(3)　$T(\boldsymbol{x})={}^t(x_1+x_2,\ x_2+x_3,\ x_3+1):\boldsymbol{R}^3\longrightarrow\boldsymbol{R}^3$.　(4)　$T(f)=f(0):C[0,\ 1]\longrightarrow\boldsymbol{R}$.

②　次の $T(\boldsymbol{x})=A\boldsymbol{x}:\boldsymbol{R}^2\longrightarrow\boldsymbol{R}^2$ を求めよ．

(1)　$T\begin{pmatrix}1\\2\end{pmatrix}=\begin{pmatrix}1\\3\end{pmatrix}$, $T\begin{pmatrix}1\\-1\end{pmatrix}=\begin{pmatrix}2\\1\end{pmatrix}$

(2)　直線 $\ell(y=\tan\dfrac{\theta}{2}x)$ を対称軸として，$\boldsymbol{x}$ を対称移動する変換 $T(\boldsymbol{x})$.

(3)　$\begin{pmatrix}x\\y\end{pmatrix}$ の直線 $y=2x$ への正射影.

③　次の線形写像 T について，

(i)　null(T) と Ker(T) の 1 組の基底，(ii)　rank(T) と Im(T) の 1 組の基底

を求めよ．

(1)　$A=\begin{pmatrix}2&1&1\\1&0&2\\-1&3&-5\end{pmatrix}$ を用いて，$T:\boldsymbol{R}^3\longrightarrow\boldsymbol{R}^3$ を $T(\boldsymbol{x})=A\boldsymbol{x}$ と定める．

(2)　$A=\begin{pmatrix}2&1&1\\1&0&2\\-1&3&-11\end{pmatrix}$ を用いて，$T:\boldsymbol{R}^3\longrightarrow\boldsymbol{R}^3$ を $T(\boldsymbol{x})=A\boldsymbol{x}$ と定める．

(3)　$A=\begin{pmatrix}2&5&8&1\\7&-3&0&-4\\-2&0&9&11\\8&0&5&-3\end{pmatrix}$ を用いて，$T:\boldsymbol{R}^4\longrightarrow\boldsymbol{R}^4$ を $T(\boldsymbol{x})=A\boldsymbol{x}$ と定める．

(4)　$A=\begin{pmatrix}1&-3&2&-1\\1&-2&1&0\\2&1&-3&5\\-1&4&-3&2\end{pmatrix}$ を用いて，$T:\boldsymbol{R}^5\longrightarrow\boldsymbol{R}^4$ を $T(\boldsymbol{x})=A\boldsymbol{x}$ と定める．

(5)　$A=\begin{pmatrix}1&4&-2&5&-1\\2&3&1&5&3\\0&-2&2&-2&2\\-2&0&-4&-2&-6\end{pmatrix}$ を用いて，$T:\boldsymbol{R}^5\longrightarrow\boldsymbol{R}^4$ を $T(\boldsymbol{x})=A\boldsymbol{x}$ と定める．

答え

やってみましょうの答え

①　(i)　null(T)=dim(Ker(T))= $\boxed{1}$

(ii) $\mathrm{Im}(T)=\left\{x_1\begin{pmatrix}\boxed{\begin{matrix}1\\1\\1\end{matrix}}\end{pmatrix}+x_2\begin{pmatrix}\boxed{\begin{matrix}1\\2\\3\end{matrix}}\end{pmatrix}+x_3\begin{pmatrix}\boxed{\begin{matrix}2\\1\\0\end{matrix}}\end{pmatrix}\middle|\, x_1,\ x_2,\ x_3\in\boldsymbol{R}\right\}$

$\mathrm{Im}(T)=\left\{x_1\begin{pmatrix}\boxed{\begin{matrix}1\\1\\1\end{matrix}}\end{pmatrix}+x_2\begin{pmatrix}\boxed{\begin{matrix}1\\2\\3\end{matrix}}\end{pmatrix}\middle|\, x_1,\ x_2\in\boldsymbol{R}\right\}$，$\mathrm{Im}(T)$ の基底として，$\left\{\begin{pmatrix}\boxed{\begin{matrix}1\\1\\1\end{matrix}}\end{pmatrix},\ \begin{pmatrix}\boxed{\begin{matrix}1\\2\\3\end{matrix}}\end{pmatrix}\right\}$ がとれ，$\mathrm{rank}(T)=\dim(\mathrm{Im}(T))=\boxed{2}$.

練習問題の答え

① (1) T は線形写像である． (2) T は線形写像でない． (3) T は線形写像でない．
(4) T は線形写像である．

② (1) $A=\frac{1}{3}\begin{pmatrix}5 & -1\\5 & 2\end{pmatrix}$ (2) $A=\begin{pmatrix}\cos\theta & \sin\theta\\ \sin\theta & -\cos\theta\end{pmatrix}$ (3) $A=\begin{pmatrix}\frac{1}{5} & \frac{2}{5}\\ \frac{2}{5} & \frac{4}{5}\end{pmatrix}$

③ (1) $\mathrm{null}(T)=0$，$\mathrm{Ker}(T)$ の基底は存在しない，$\mathrm{rank}(T)=3$，$\{{}^t(2,\ 1,\ -1),\ {}^t(1,\ 0,\ 3),\ {}^t(1,\ 2,\ -5)\}$ が $\mathrm{Im}(T)$ の1つの基底である．
(2) $\mathrm{null}(T)=1$，$\{{}^t(-2,\ 3,\ 1)\}$ が $\mathrm{Ker}(T)$ の1つの基底であり，$\mathrm{rank}(T)=2$，$\{{}^t(2,\ 1,\ -1),\ {}^t(1,\ 0,\ 3)\}$ が $\mathrm{Im}(T)$ の1つの基底である．
(3) $\mathrm{null}(T)=1$，$\{{}^t(1,\ 1,\ -1,\ 1)\}$ が $\mathrm{Ker}(T)$ の1つの基底であり，$\mathrm{rank}(T)=3$，$\{{}^t(2,\ 7,\ -2,\ 8),\ {}^t(5,\ -3,\ 0,\ 0),\ {}^t(8,\ 0,\ 9,\ 5)\}$ が $\mathrm{Im}(T)$ の1つの基底である．
(4) $\mathrm{null}(T)=2$，$\{{}^t(1,\ 1,\ 1,\ 0),\ {}^t(-2,\ -1,\ 0,\ 1)\}$ が $\mathrm{Ker}(T)$ の1つの基底であり，$\mathrm{rank}(T)=2$，$\{{}^t(1,\ 1,\ 2,\ -1),\ {}^t(-3,\ -2,\ 1,\ 4)\}$ が $\mathrm{Im}(T)$ の1つの基底である．
(5) $\mathrm{null}(T)=3$，$\{{}^t(-2,\ 1,\ 1,\ 0,\ 0),\ {}^t(-1,\ -1,\ 0,\ 1,\ 0),\ {}^t(-3,\ 1,\ 0,\ 0,\ 1)\}$ が $\mathrm{Ker}(T)$ の1つの基底であり，$\mathrm{rank}(T)=2$，$\{{}^t(1,\ 2,\ 0,\ -2),\ {}^t(4,\ 3,\ -2,\ 0)\}$ が $\mathrm{Im}(T)$ の1つの基底である．

12 1次変換と行列2（表現行列，基底の変換）

定義

表現行列

V, U をベクトル空間とし，$T: V \to U$ を線形写像とします．V の基底の1つを $\{\boldsymbol{v}_1, \boldsymbol{v}_2, \cdots, \boldsymbol{v}_n\}$，$U$ の基底の1つを $\{\boldsymbol{u}_1, \boldsymbol{u}_2, \cdots, \boldsymbol{u}_m\}$ とします．このとき，各 $j=1, 2, \cdots, n$ について，$T(\boldsymbol{v}_j) \in U$ であるから，ある $a_{1j}, a_{2j}, \cdots, a_{mj} \in \boldsymbol{R}$ が存在して，

$$T(\boldsymbol{v}_j) = a_{1j}\boldsymbol{u}_1 + a_{2j}\boldsymbol{u}_2 + \cdots + a_{mj}\boldsymbol{u}_m$$

これを行列を用いて表すと，

$$(T(\boldsymbol{v}_1), T(\boldsymbol{v}_2), \cdots, T(\boldsymbol{v}_n)) = (\boldsymbol{u}_1, \boldsymbol{u}_2, \cdots, \boldsymbol{u}_m)\begin{pmatrix} a_{11} & a_{12} & \cdots & a_{1n} \\ a_{21} & a_{22} & \cdots & a_{2n} \\ \vdots & \vdots & & \vdots \\ a_{m1} & a_{m2} & \cdots & a_{mn} \end{pmatrix}$$

である．ここで，$A=(a_{ij})$ を V の基底 $\boldsymbol{v}_1, \boldsymbol{v}_2, \cdots, \boldsymbol{v}_n$ と U の基底 $\boldsymbol{u}_1, \boldsymbol{u}_2, \cdots, \boldsymbol{u}_m$ に関する T の表現行列であるといいます．

上記の A が与えられているとします．任意の $\boldsymbol{v} \in V$ を $\boldsymbol{v} = c_1\boldsymbol{v}_1 + c_2\boldsymbol{v}_2 + \cdots + c_n\boldsymbol{v}_n$ と表すと，

$$T(\boldsymbol{v}) = c_1T(\boldsymbol{v}_1) + c_2T(\boldsymbol{v}_2) + \cdots + c_nT(\boldsymbol{v}_n)$$

$$= (T(\boldsymbol{v}_1), T(\boldsymbol{v}_2), \cdots, T(\boldsymbol{v}_n))\begin{pmatrix} c_1 \\ c_2 \\ \vdots \\ c_n \end{pmatrix} = (\boldsymbol{u}_1, \boldsymbol{u}_2, \cdots, \boldsymbol{u}_m)A\boldsymbol{c},$$

ただし，$\boldsymbol{c} = {}^t(c_1, c_2, \cdots, c_n)$ です．これより，$T(\boldsymbol{v})$ を求めるには，$A\boldsymbol{c}$ を計算すれば十分だとわかります．

公式の使い方（例）・1

定義に従って計算してみましょう．線形写像 $T: \boldsymbol{R}^3 \to \boldsymbol{R}^2$ を

$$T(\boldsymbol{x})=\begin{pmatrix} 1 & 2 & -3 \\ -1 & 1 & -2 \end{pmatrix}\boldsymbol{x} \quad \boldsymbol{x}\in\boldsymbol{R}^3$$

と定義とます．このとき $\boldsymbol{R}^3$ の標準基底と $\boldsymbol{R}^2$ の標準基底に関する T の表現行列を求めてみましょう．

(2)　各 $n\in\boldsymbol{N}$ について，P_n で次数 n 以下の多項式全体を表します．

線形写像 $T:P_2\to P_3$ を

$$T(f)=\int_0^x f(t)\,\mathrm{d}t \quad f\in P_2$$

と定義します．このとき，P_2 の基底 $\{1,\ t,\ t^2\}$ と P_3 の基底 $\{1,\ x,\ x^2,\ x^3\}$ に関する T の表現行列を求めましょう．

答え

(1) $\boldsymbol{R}^3$ の標準基底を $\{\boldsymbol{e}_1{}^{(3)},\ \boldsymbol{e}_2{}^{(3)},\ \boldsymbol{e}_3{}^{(3)}\}$，$\boldsymbol{R}^2$ の標準基底を $\{\boldsymbol{e}_1{}^{(2)},\ \boldsymbol{e}_2{}^{(2)}\}$ で表すことにします．

$$T(\boldsymbol{e}_1{}^{(3)})=1\cdot\boldsymbol{e}_1{}^{(2)}+(-1)\cdot\boldsymbol{e}_2{}^{(2)}$$
$$T(\boldsymbol{e}_2{}^{(3)})=2\cdot\boldsymbol{e}_1{}^{(2)}+1\cdot\boldsymbol{e}_2{}^{(2)}$$
$$T(\boldsymbol{e}_3{}^{(3)})=(-3)\cdot\boldsymbol{e}_1{}^{(2)}+(-2)\cdot\boldsymbol{e}_2{}^{(2)}$$

なので，

$$(\boldsymbol{e}_1{}^{(3)},\ \boldsymbol{e}_2{}^{(3)},\ \boldsymbol{e}_3{}^{(3)})=(\boldsymbol{e}_1{}^{(2)},\ \boldsymbol{e}_2{}^{(2)})\begin{pmatrix} 1 & 2 & -3 \\ -1 & 1 & -2 \end{pmatrix}$$

です．よって，求める表現行列は，

$$\begin{pmatrix} 1 & 2 & -3 \\ -1 & 1 & -2 \end{pmatrix}$$

です．これより，表現行列を用いて，任意の $\boldsymbol{x}=x_1\boldsymbol{e}_1{}^{(3)}+x_2\boldsymbol{e}_2{}^{(3)}+x_3\boldsymbol{e}_3{}^{(3)}$ に対して，$T(\boldsymbol{x})$ を求めると，

$$T(\boldsymbol{x})=(\boldsymbol{e}_1{}^{(2)},\ \boldsymbol{e}_2{}^{(2)})\begin{pmatrix} 1 & 2 & -3 \\ -1 & 1 & -2 \end{pmatrix}\begin{pmatrix} x_1 \\ x_2 \\ x_3 \end{pmatrix}=\begin{pmatrix} x_1+2x_2-3x_3 \\ -x_1+x_2-2x_3 \end{pmatrix}$$

(2)

$$T(1)=\int_0^x 1\,\mathrm{d}t=x,\quad T(t)=\int_0^x t\,\mathrm{d}t=\frac{1}{2}x^2,\quad T(t^2)=\int_0^x t^2\mathrm{d}t=\frac{1}{3}x^3,$$

ですから，

$$(T(1),\ T(t),\ T(t^2))=(1,\ x,\ x^2,\ x^3)\begin{pmatrix}0&0&0\\1&0&0\\0&\frac{1}{2}&0\\0&0&\frac{1}{3}\end{pmatrix}$$

よって，求める表現行列は，

$$\begin{pmatrix}0&0&0\\1&0&0\\0&\frac{1}{2}&0\\0&0&\frac{1}{3}\end{pmatrix}$$

です．これより，表現行列を用い，任意の $f(t)=c_0+c_1t+c_2t^2$ に対して，$T(f)$ を求めると，

$$T(f)=(1,\ x,\ x^2,\ x^3)\begin{pmatrix}0&0&0\\1&0&0\\0&\frac{1}{2}&0\\0&0&\frac{1}{3}\end{pmatrix}=c_0x+\frac{c_1}{2}x^2+\frac{c_2}{3}x^3$$

です．

定義と公式・2

定理 1

V をベクトル空間とします．$\dim(V)=n$，V の 2 組の基底を $\{\boldsymbol{v}_1,\ \boldsymbol{v}_2,\ \cdots,\ \boldsymbol{v}_n\}$，$\{\boldsymbol{v}'_1,\ \boldsymbol{v}'_2,\ \cdots,\ \boldsymbol{v}'_n\}$ とします．
このとき，ある正則な行列 $A=(a_{ij})$ が存在して，

$$(\boldsymbol{v}'_1,\ \boldsymbol{v}'_2,\ \cdots,\ \boldsymbol{v}'_n)=(\boldsymbol{v}_1,\ \boldsymbol{v}_2,\ \cdots,\ \boldsymbol{v}_n)A \tag{12.1}$$

を満たします．

基底の変換

上の行列 A を V の基底 $\{\boldsymbol{v}_1, \boldsymbol{v}_2, \cdots, \boldsymbol{v}_n\}$ を $\{\boldsymbol{v}'_1, \boldsymbol{v}'_2, \cdots, \boldsymbol{v}'_n\}$ へ変換する行列といいます．

すなわち，$B=A^{-1}$ は $\{\boldsymbol{v}'_1, \boldsymbol{v}'_2, \cdots, \boldsymbol{v}'_n\}$ を $\{\boldsymbol{v}_1, \boldsymbol{v}_2, \cdots, \boldsymbol{v}_n\}$ へ変換する行列です．

定理 2

V，U をベクトル空間とする．$\dim(V)=n$，$\dim(U)=m$，V の 2 組の基底を $\{\boldsymbol{v}_1, \boldsymbol{v}_2, \cdots, \boldsymbol{v}_n\}$，$\{\boldsymbol{v}'_1, \boldsymbol{v}'_2, \cdots, \boldsymbol{v}'_n\}$，$U$ の 2 組の基底を $\{\boldsymbol{u}_1, \boldsymbol{u}_2, \cdots, \boldsymbol{u}_m\}$，$\{\boldsymbol{u}'_1, \boldsymbol{u}'_2, \cdots, \boldsymbol{u}'_m\}$ とします．

さらに，P を $\{\boldsymbol{v}_1, \boldsymbol{v}_2, \cdots, \boldsymbol{v}_n\}$ を $\{\boldsymbol{v}'_1, \boldsymbol{v}'_2, \cdots, \boldsymbol{v}'_n\}$ へ変換する行列，Q を $\{\boldsymbol{u}_1, \boldsymbol{u}_2, \cdots, \boldsymbol{u}_m\}$ を $\{\boldsymbol{u}'_1, \boldsymbol{u}'_2, \cdots, \boldsymbol{u}'_m\}$ へ変換する行列とします．$T: V \to U$ を線形写像とし，T の $\{\boldsymbol{v}_1, \boldsymbol{v}_2, \cdots, \boldsymbol{v}_n\}$，$\{\boldsymbol{u}_1, \boldsymbol{u}_2, \cdots, \boldsymbol{u}_m\}$ に関する表現行列を A，T の $\{\boldsymbol{v}'_1, \boldsymbol{v}'_2, \cdots, \boldsymbol{v}'_n\}$，$\{\boldsymbol{u}'_1, \boldsymbol{u}'_2, \cdots, \boldsymbol{u}'_m\}$ に関する表現行列を B とすると，

$$B=Q^{-1}AP$$

公式の使い方（例）・2

線形写像 $T: \boldsymbol{R}^3 \to \boldsymbol{R}^2$ を

$$T(\boldsymbol{x})=\begin{pmatrix} 1 & 2 & -3 \\ -1 & 1 & -2 \end{pmatrix}\boldsymbol{x} \quad \boldsymbol{x} \in \boldsymbol{R}^3$$

と定義します．ここで，$\boldsymbol{R}^3$ の基底を

$$\left\{\boldsymbol{v}_1=\begin{pmatrix} 1 \\ 3 \\ -2 \end{pmatrix},\ \boldsymbol{v}_2=\begin{pmatrix} 2 \\ 1 \\ 1 \end{pmatrix},\ \boldsymbol{v}_3=\begin{pmatrix} -3 \\ 1 \\ -1 \end{pmatrix}\right\}$$

とし，$\boldsymbol{R}^2$ の基底を

$$\left\{\boldsymbol{u}_1=\begin{pmatrix} 3 \\ 2 \end{pmatrix},\ \boldsymbol{u}_2=\begin{pmatrix} -2 \\ 1 \end{pmatrix}\right\}$$

とします．これらの基底に関する T の表現行列を求めましょう．

答え

先の例より，$\boldsymbol{R}^3$ の標準基底と $\boldsymbol{R}^2$ の標準基底に関する T の表現行列は

$$A=\begin{pmatrix} 1 & 2 & -3 \\ -1 & 1 & -2 \end{pmatrix}$$

です．次に，$\boldsymbol{R}^3$ の標準基底を $\boldsymbol{v}_1$，$\boldsymbol{v}_2$，$\boldsymbol{v}_3$ へ変換する行列は

$$P=\begin{pmatrix} 1 & 2 & -3 \\ 3 & 1 & 1 \\ -2 & 1 & -1 \end{pmatrix}$$

で，$\boldsymbol{R}^2$ の標準基底を $\boldsymbol{u}_1$，$\boldsymbol{u}_2$ へ変換する行列は

$$Q=\begin{pmatrix} 3 & -2 \\ 2 & 1 \end{pmatrix}$$

です．よって，定理 2 により，求める表現行列は

$$Q^{-1}AP=\frac{1}{7}\begin{pmatrix} 1 & 2 \\ -2 & 3 \end{pmatrix}\begin{pmatrix} 1 & 2 & -3 \\ -1 & 1 & -2 \end{pmatrix}\begin{pmatrix} 1 & 2 & -3 \\ 3 & 1 & 1 \\ -2 & 1 & -1 \end{pmatrix}=\begin{pmatrix} \frac{25}{7} & -\frac{5}{7} & 2 \\ -\frac{8}{7} & -\frac{11}{7} & 2 \end{pmatrix}$$

です．

定義と公式・3

定理 3

ベクトル空間 V の 2 組の基底を $\{\boldsymbol{v}_1,\ \boldsymbol{v}_2,\ \cdots,\ \boldsymbol{v}_n\}$ と $\{\boldsymbol{u}_1,\ \boldsymbol{u}_2,\ \cdots,\ \boldsymbol{u}_n\}$ で表し，その変換行列を P とします．

$$(\boldsymbol{u}_1,\ \boldsymbol{u}_2,\ \cdots,\ \boldsymbol{u}_n)=(\boldsymbol{v}_1,\ \boldsymbol{v}_2,\ \cdots,\ \boldsymbol{v}_n)P$$

としておきます．T を V の 1 次変換とし，その $\{\boldsymbol{v}_1,\ \boldsymbol{v}_2,\ \cdots,\ \boldsymbol{v}_n\}$ に関する表現行列を A，$\{\boldsymbol{u}_1,\ \boldsymbol{u}_2,\ \cdots,\ \boldsymbol{u}_n\}$ に関する表現行列を B とすれば，

$$B=P^{-1}AP$$

が成り立ちます．

公式の使い方（例）・3

(1)　$\boldsymbol{R}^2$ の 1 次変換 T を

$$T(\boldsymbol{x})=\begin{pmatrix}1 & 0\\ 2 & 3\end{pmatrix}\boldsymbol{x} \quad \boldsymbol{x}\in\boldsymbol{R}^2$$

とします．$\boldsymbol{R}^2$ の基底

$$\left\{\boldsymbol{u}_1=\begin{pmatrix}3\\ 2\end{pmatrix},\ \boldsymbol{u}_2=\begin{pmatrix}-2\\ 1\end{pmatrix}\right\}$$

に関する T の表現行列を求めましょう．

(2)　$T: P_2 \to P_2$ を

$$T(f)=f(0)+\frac{\mathrm{d}f}{\mathrm{d}t}(1)\cdot t+\frac{\mathrm{d}f}{\mathrm{d}t}(0)\cdot t^2$$

とします．

(i) T が1次変換となることを示しましょう．

(ii)基底 $\{1,\ t,\ t^2\}$ に関する T の表現行列を求めましょう．

(iii)基底 $\{1,\ 1+t,\ 1+t+t^2\}$ に関する表現行列を求めましょう．

答え

(1)　まず，$\boldsymbol{R}^2$ の標準基底に関する T の表現行列は

$$A=\begin{pmatrix}1 & 0\\ 2 & 3\end{pmatrix}$$

です．次に，$\boldsymbol{R}^2$ の標準基底を $\{\boldsymbol{u}_1,\ \boldsymbol{u}_2\}$ へ変換する行列は

$$P=\begin{pmatrix}3 & -2\\ 2 & 1\end{pmatrix}$$

です．よって，定理3により，求める表現行列は

$$P^{-1}AP=\frac{1}{7}\begin{pmatrix}1 & 2\\ -2 & 3\end{pmatrix}\begin{pmatrix}1 & 0\\ 2 & 3\end{pmatrix}\begin{pmatrix}3 & -2\\ 2 & 1\end{pmatrix}=\begin{pmatrix}\frac{27}{7} & -\frac{4}{7}\\ \frac{30}{7} & \frac{1}{7}\end{pmatrix}$$

です．

(2)

(i) $f(t)=a_0+a_1t+a_2t^2$，$g(t)=b_0+b_1t+b_2t^2$ とおきます．

$$T(f+g)=a_0+b_0+((a_1+b_1)+2(a_2+b_2))t+(a_1+b_1)t^2$$
$$=a_0+(a_1+2a_2)t+a_1t^2+b_0+(b_1+2b_2)t+b_1t^2$$
$$=f(0)+\frac{\mathrm{d}f}{\mathrm{d}t}(1)\cdot t+\frac{\mathrm{d}f}{\mathrm{d}t}(0)\cdot t^2+g(0)+\frac{\mathrm{d}g}{\mathrm{d}t}(1)\cdot t+\frac{\mathrm{d}g}{\mathrm{d}t}(0)\cdot t^2=T(f)+T(g)$$

さらに，任意の $c\in\boldsymbol{R}$ に対して

$$T(cf)=ca_0+(ca_1+2ca_2)t+ca_1t^2$$
$$=c\cdot\left\{f(0)+\frac{\mathrm{d}f}{\mathrm{d}t}(1)\cdot t+\frac{\mathrm{d}f}{\mathrm{d}t}(0)\cdot\ t^2\right\}=c\cdot T(f)$$

以上より，T は1次変換です．

(ii) $T(1)=1$，$T(t)=t+t^2$，$T(t^2)=2t$ ですから，

$$(T(1),\ T(t),\ T(t^2))=(1,\ t,\ t^2)\begin{pmatrix}1&0&0\\0&1&2\\0&1&0\end{pmatrix}$$

よって，基底 $\{1,\ t,\ t^2\}$ に関する表現行列は，

$$A=\begin{pmatrix}1&0&0\\0&1&2\\0&1&0\end{pmatrix}$$

です．

(iii) $\{1,\ t,\ t^2\}$ を $\{1,\ 1+t,\ 1+t+t^2\}$ へ変換する行列は

$$P=\begin{pmatrix}1&1&1\\0&1&1\\0&0&1\end{pmatrix}$$

です．よって，定理3により求める表現行列は

$$P^{-1}AP=\begin{pmatrix}1&-1&0\\0&1&-1\\0&0&1\end{pmatrix}\begin{pmatrix}1&0&0\\0&1&2\\0&1&0\end{pmatrix}\begin{pmatrix}1&1&1\\0&1&1\\0&0&1\end{pmatrix}=\begin{pmatrix}1&0&-2\\0&0&2\\0&1&1\end{pmatrix}$$

です．

やってみましょう

① (1) $\boldsymbol{b}={}^t(b_1,\ b_2,\ b_3)\in\boldsymbol{R}^3$ とします．線形写像 $T:\boldsymbol{R}^3\to\boldsymbol{R}^3$ を

$$T(\boldsymbol{x})=\boldsymbol{x}\times\boldsymbol{b} \quad \boldsymbol{x}\in\boldsymbol{R}^3$$

$\boldsymbol{x}\times\boldsymbol{b}$ は外積です

と定義します．このとき，$\boldsymbol{R}^3$ の標準基底に関する T の表現行列を求めましょう．

(2) 線形写像 $T:P_3\to P_2$ を

$$T(f(x))=\frac{\mathrm{d}}{\mathrm{d}x}f(x) \qquad f(x)\in P_3$$

と定義します．このとき，P_3 の基底 $\{1,\ x,\ x^2,\ x^3\}$ と P_2 の基底 $\{1,\ x,\ x^2\}$ に関する T の表現行列を求めましょう．

(1) $\boldsymbol{R}^3$ の標準基底を $\{\boldsymbol{e}_1,\ \boldsymbol{e}_2,\ \boldsymbol{e}_3\}$ で表します．このとき，

$$T(\boldsymbol{e}_1)=\boldsymbol{e}_1\times\boldsymbol{b}=\begin{pmatrix}0\\-b_3\\b_2\end{pmatrix}=-b_3\boldsymbol{e}_2+b_2\boldsymbol{e}_3,\quad T(\boldsymbol{e}_2)=\boldsymbol{e}_2\times\boldsymbol{b}=\begin{pmatrix}b_3\\0\\-b_1\end{pmatrix}=b_3\boldsymbol{e}_1-b_1\boldsymbol{e}_3,$$

$$T(\boldsymbol{e}_3)=\boldsymbol{e}_3\times\boldsymbol{b}=\begin{pmatrix}-b_2\\b_1\\0\end{pmatrix}=-b_2\boldsymbol{e}_1+b_1\boldsymbol{e}_2$$

ですから，

$$(T(\boldsymbol{e}_1),\ T(\boldsymbol{e}_2),\ T(\boldsymbol{e}_3))=(\boldsymbol{e}_1,\ \boldsymbol{e}_2,\ \boldsymbol{e}_3)\begin{pmatrix}\qquad\qquad\\ \\ \\ \end{pmatrix}$$

よって，求める表現行列は

$$\begin{pmatrix}\qquad\qquad\\ \\ \\ \end{pmatrix}$$

です．

この表現行列を用いて，任意の $\boldsymbol{x}=x_1\boldsymbol{e}_1+x_2\boldsymbol{e}_2+x_3\boldsymbol{e}_3$ に対して，$T((\boldsymbol{x}))$ を求めると，

$$T(\boldsymbol{x})=(\boldsymbol{e}_1,\ \boldsymbol{e}_2,\ \boldsymbol{e}_3)\begin{pmatrix}\qquad\qquad\\ \\ \\ \end{pmatrix}\begin{pmatrix}x_1\\x_2\\x_3\end{pmatrix}=\begin{pmatrix}\qquad\qquad\\ \qquad\qquad\\ \qquad\qquad\end{pmatrix}$$

(2)

$$T(1)=0,\ T(x)=1,\ T(x^2)=2x,\ T(x^3)=3x^2$$

ですから，

$$(T(1),\ T(x),\ T(x^2),\ T(x^3))=(1,\ x,\ x^2)\begin{pmatrix} \qquad\qquad\qquad \end{pmatrix}$$

よって，求める表現行列は

$$\begin{pmatrix} \qquad\qquad\qquad \end{pmatrix}$$

です．

この表現行列を用いて，任意の $f(x)=a_0+a_1x+a_2x^2+a_3x^3$ に対して，$T(f(x))$ を求めると，

$$T(f(x))=(1,\ x,\ x^2)\begin{pmatrix} \qquad\qquad\qquad \end{pmatrix}\begin{pmatrix} a_0 \\ a_1 \\ a_2 \\ a_3 \end{pmatrix}$$

$$=\boxed{\quad}+\boxed{\quad}x+\boxed{\quad}x^2.$$

② (1) $V=U=\boldsymbol{R}^3$，$\boldsymbol{b}={}^t(b_1,\ b_2,\ b_3)\in\boldsymbol{R}^3$ とします．線形写像 $T:V\to V$ を

$$T(\boldsymbol{x})=\boldsymbol{x}\times\boldsymbol{b} \qquad \boldsymbol{x}\in V$$

と定義します．V の基底を

$$\left\{\boldsymbol{v}_1=\begin{pmatrix} 1 \\ 1 \\ 1 \end{pmatrix},\ \boldsymbol{v}_2=\begin{pmatrix} 1 \\ 2 \\ 3 \end{pmatrix},\ \boldsymbol{v}_3=\begin{pmatrix} 2 \\ 1 \\ -1 \end{pmatrix}\right\}$$

とし，U の基底を

$$\left\{\boldsymbol{u}_1=\begin{pmatrix} 1 \\ 3 \\ -2 \end{pmatrix},\ \boldsymbol{u}_2=\begin{pmatrix} 2 \\ 1 \\ 1 \end{pmatrix},\ \boldsymbol{u}_3=\begin{pmatrix} -3 \\ 1 \\ -1 \end{pmatrix}\right\}$$

とします．これらの基底に関する T の表現行列を求めましょう．

(2) 線形写像 $T:P_3\to P_2$ を

$$T(f(x))=\frac{\mathrm{d}}{\mathrm{d}x}f(x) \qquad f(x)\in P_3$$

と定義します．P_3 の基底を

$$\{1+3x,\ 2+5x,\ 2x^2+3x^3,\ x^2+2x^3\}$$

とし，P_2 の基底を

$$\{1,\ 1+x,\ 1+x+x^2\}$$

とします．これらの基底に関する T の表現行列を求めましょう．

答え

(1)「やってみましょう」①の(1)より $\boldsymbol{R}^3$ の標準基底 $\{\boldsymbol{e}_1,\ \boldsymbol{e}_2,\ \boldsymbol{e}_3\}$ に関する T の表現行列は

$$A=\begin{pmatrix} 0 & b_3 & -b_2 \\ -b_3 & 0 & b_1 \\ b_2 & -b_1 & 0 \end{pmatrix}$$

です．次に，$\{\boldsymbol{e}_1,\ \boldsymbol{e}_2,\ \boldsymbol{e}_3\}$ を $\{\boldsymbol{v}_1,\ \boldsymbol{v}_2,\ \boldsymbol{v}_3\}$ へ変換する行列は

$$P=\begin{pmatrix} \qquad \end{pmatrix}$$

であり，$\{\boldsymbol{e}_1,\ \boldsymbol{e}_2,\ \boldsymbol{e}_3\}$ を $\{\boldsymbol{u}_1,\ \boldsymbol{u}_2,\ \boldsymbol{u}_3\}$ へ変換する行列は

$$Q=\begin{pmatrix} \qquad \end{pmatrix}$$

Q^{-1} については第 6 章「公式の使い方(例)・3」(2)を参照

です．よって，定理 2 により，求める表現行列は

$$Q^{-1}AP=\frac{1}{\square}\begin{pmatrix} \qquad \end{pmatrix}\begin{pmatrix} 0 & b_3 & -b_2 \\ -b_3 & 0 & b_1 \\ b_2 & -b_1 & 0 \end{pmatrix}\begin{pmatrix} \qquad \end{pmatrix}$$

$$=\frac{1}{\square}\begin{pmatrix} \qquad \end{pmatrix}$$

です．

(2)「やってみましょう」②の(2)より，P_3 の基底 $\{1,\ x,\ x^2,\ x^3\}$ と P_2 の基底 $\{1,\ x,\ x^2\}$ に関する T の表現行列は

$$A=\begin{pmatrix} 0 & 1 & 0 & 0 \\ 0 & 0 & 2 & 0 \\ 0 & 0 & 0 & 3 \end{pmatrix}$$

です．次に，P_3 の基底 $\{1,\ x,\ x^2,\ x^3\}$ を $\{1+3x,\ 2+5x,\ 2x^2+3x^3,\ x^2+2x^3\}$ へ変換する行列は

$$P=\begin{pmatrix} \qquad\qquad\qquad \end{pmatrix}$$

で，P_2 の基底 $\{1,\ x,\ x^2\}$ を $\{1,\ 1+x,\ 1+x+x^2\}$ へ変換する行列は

$$Q=\begin{pmatrix} \qquad\qquad \end{pmatrix}$$

です．よって，定理 2 により，求める表現行列は

$$Q^{-1}AP=\begin{pmatrix} \qquad\qquad \end{pmatrix}\begin{pmatrix} 0 & 1 & 0 & 0 \\ 0 & 0 & 2 & 0 \\ 0 & 0 & 0 & 3 \end{pmatrix}\begin{pmatrix} \qquad\qquad\qquad \end{pmatrix}$$

$$=\begin{pmatrix} \qquad\qquad\qquad \end{pmatrix}$$

です．

練習問題

(1) $a,\ b,\ c \in \boldsymbol{R}$ とし，線形写像 $T: \boldsymbol{R}^3 \to \boldsymbol{R}^2$ を

$$T(\boldsymbol{x})=\begin{pmatrix}1 & 1 & 1\\ a & b & c\end{pmatrix}\boldsymbol{x} \quad \boldsymbol{x}\in\boldsymbol{R}^3$$

と定義する．このとき，$\boldsymbol{R}^3$ の基底

$$\left\{\begin{pmatrix}2\\1\\-1\end{pmatrix},\ \begin{pmatrix}1\\0\\3\end{pmatrix},\ \begin{pmatrix}1\\2\\5\end{pmatrix}\right\}$$

と $\boldsymbol{R}^2$ の基底

$$\left\{\begin{pmatrix}6\\5\end{pmatrix},\ \begin{pmatrix}5\\4\end{pmatrix}\right\}$$

に対する T の表現行列を求めよ．

(2) $V=U=\boldsymbol{R}^3$，$\boldsymbol{b}={}^t(b_1,\ b_2,\ b_3)\in\boldsymbol{R}^3$ とし，線形写像 $T:V\to U$ を

$$T(\boldsymbol{x})=\boldsymbol{x}\times\boldsymbol{b} \quad \boldsymbol{x}\in\boldsymbol{R}^3$$

と定義する．このとき V の基底

$$\left\{\begin{pmatrix}2\\1\\-1\end{pmatrix},\ \begin{pmatrix}1\\0\\3\end{pmatrix},\ \begin{pmatrix}1\\2\\5\end{pmatrix}\right\}$$

と U の基底

$$\left\{\begin{pmatrix}1\\1\\1\end{pmatrix},\ \begin{pmatrix}1\\2\\3\end{pmatrix},\ \begin{pmatrix}2\\1\\-1\end{pmatrix}\right\}$$

に関する T の表現行列を求めよ．

(3) $V=\mathrm{span}(\{1,\ \sin x,\ \cos x\})$ とし，線形写像 $T:V\to V$ を

$$T(f)=f+\frac{\mathrm{d}f}{\mathrm{d}x} \quad \text{for } f\in V$$

と定義する．このとき V の基底 $\{1,\ \sin x,\ \cos x\}$ に関する T の表現行列を求めよ．

(4) $V=\mathrm{span}(\{1,\ \sin x,\ \cos x\})$ とし，線形写像 $T:V\to V$ を

$$T(f)=f+\frac{\mathrm{d}f}{\mathrm{d}x} \quad \text{for } f\in V$$

と定義する．このとき V の基底 $\left\{1,\ \frac{1}{\sqrt{2}}\sin x+\frac{1}{\sqrt{2}}\cos x,\ -\frac{1}{\sqrt{2}}\sin x+\frac{1}{\sqrt{2}}\cos x\right\}$ に関する T の表現行列を求めよ．

② V を n 次元ベクトル空間，U を m 次元ベクトル空間，$T:V\to U$ を線形写像とする．ここで，V の基底の 1 つを $\{\boldsymbol{v}_1,\ \boldsymbol{v}_2,\ \dots,\ \boldsymbol{v}_n\}$，$U$ の基底の 1 つを $\{\boldsymbol{u}_1,\ \boldsymbol{u}_2,\ \dots,\ \boldsymbol{u}_m\}$ とする．このとき，この章の最初に説明したように，ある $m\times n$ 行列 A が存在して，任意の $\boldsymbol{v}=c_1\boldsymbol{v}_1+c_2\boldsymbol{v}_2+\cdots+c_n\boldsymbol{v}_n\in V$ に対して，

$$T(\boldsymbol{v})=(\boldsymbol{u}_1,\ \boldsymbol{u}_2,\ \dots,\ \boldsymbol{u}_m)A\mathbf{c}$$

であった．ただし，$\mathbf{c} = {}^t(c_1,\ c_2,\ \ldots,\ c_n)$．このとき，

(線形写像 T の階数)=(行列 A の階数)

を示せ．

第3章では，行列を簡約化することにより行列の階数を定義しました．それで，線形代数における階数という概念の意味に悩んだ学習者もいるかもしれません．しかし，第11章で定義したように，線形写像を基礎に階数の定義を行えば，その意味は明確であったといえます．有限次元の場合には，線形写像と行列を同一視できるので，第3章で定義した行列の階数と第11章で定義した線形写像の階数が一致することがこの問題の主張です．

答え

やってみましょうの答え

① (1)

$$(T(\boldsymbol{e}_1),\ T(\boldsymbol{e}_2),\ T(\boldsymbol{e}_3)) = (\boldsymbol{e}_1,\ \boldsymbol{e}_2,\ \boldsymbol{e}_3)\begin{pmatrix} \boxed{\begin{matrix} 0 & b_3 & -b_2 \\ -b_3 & 0 & b_1 \\ b_2 & -b_1 & 0 \end{matrix}} \end{pmatrix},\ \text{表現行列は} \begin{pmatrix} \boxed{\begin{matrix} 0 & b_3 & -b_2 \\ -b_3 & 0 & b_1 \\ b_2 & -b_1 & 0 \end{matrix}} \end{pmatrix}.$$

$$T(\boldsymbol{x}) = (\boldsymbol{e}_1,\ \boldsymbol{e}_2,\ \boldsymbol{e}_3)\begin{pmatrix} \boxed{\begin{matrix} 0 & b_3 & -b_2 \\ -b_3 & 0 & b_1 \\ b_2 & -b_1 & 0 \end{matrix}} \end{pmatrix}\begin{pmatrix} x_1 \\ x_2 \\ x_3 \end{pmatrix} = \begin{pmatrix} \boxed{b_3x_2 - b_2x_3} \\ \boxed{-b_3x_1 + b_1x_3} \\ \boxed{b_2x_1 - b_1x_2} \end{pmatrix}$$

(2)

$$(T(1),\ T(x),\ T(x^2),\ T(x^3)) = (1,\ x,\ x^2)\begin{pmatrix} \boxed{\begin{matrix} 0 & 1 & 0 & 0 \\ 0 & 0 & 2 & 0 \\ 0 & 0 & 0 & 3 \end{matrix}} \end{pmatrix},\ \text{表現行列は} \begin{pmatrix} \boxed{\begin{matrix} 0 & 1 & 0 & 0 \\ 0 & 0 & 2 & 0 \\ 0 & 0 & 0 & 3 \end{matrix}} \end{pmatrix}.$$

$$T(f(x)) = (1,\ x,\ x^2)\begin{pmatrix} \boxed{\begin{matrix} 0 & 1 & 0 & 0 \\ 0 & 0 & 2 & 0 \\ 0 & 0 & 0 & 3 \end{matrix}} \end{pmatrix}\begin{pmatrix} a_0 \\ a_1 \\ a_2 \\ a_3 \end{pmatrix} = \boxed{a_1} + \boxed{2a_2}\,x + \boxed{3a_3}\,x^2.$$

②(1)

$$P = \begin{pmatrix} \boxed{\begin{matrix} 1 & 1 & 2 \\ 1 & 2 & 1 \\ 1 & 3 & -1 \end{matrix}} \end{pmatrix},\quad Q = \begin{pmatrix} \boxed{\begin{matrix} 1 & 2 & -3 \\ 3 & 1 & 1 \\ -2 & 1 & -1 \end{matrix}} \end{pmatrix}$$

$$Q^{-1}AP=\frac{1}{\boxed{15}}\left(\boxed{\begin{matrix} 2 & 1 & -5 \\ -1 & 7 & 10 \\ -5 & 5 & 5 \end{matrix}}\right)\begin{pmatrix} 0 & b_3 & -b_2 \\ -b_3 & 0 & b_1 \\ b_2 & -b_1 & 0 \end{pmatrix}\left(\boxed{\begin{matrix} 1 & 1 & 2 \\ 1 & 2 & 1 \\ 1 & 3 & -1 \end{matrix}}\right)$$

$$=\frac{1}{\boxed{15}}\left(\boxed{\begin{matrix} 6b_1-7b_2+b_3 & 13b_1-11b_2+3b_3 & 4b_1-8b_2 \\ -3b_1+11b_2-8b_3 & b_1+13b_2-9b_3 & -17b_1+19b_2-15b_3 \\ 10b_2-10b_3 & 5b_1+20b_2-15b_3 & -10b_1+5b_2-15b_3 \end{matrix}}\right)$$

(2)

$$P=\left(\boxed{\begin{matrix} 1 & 2 & 0 & 0 \\ 3 & 5 & 0 & 0 \\ 0 & 0 & 2 & 1 \\ 0 & 0 & 3 & 2 \end{matrix}}\right),\quad Q=\left(\boxed{\begin{matrix} 1 & 1 & 1 \\ 0 & 1 & 1 \\ 0 & 0 & 1 \end{matrix}}\right)$$

$$Q^{-1}AP=\left(\boxed{\begin{matrix} 1 & -1 & 0 \\ 0 & 1 & -1 \\ 0 & 0 & 1 \end{matrix}}\right)\begin{pmatrix} 0 & 1 & 0 & 0 \\ 0 & 0 & 2 & 0 \\ 0 & 0 & 0 & 3 \end{pmatrix}\left(\boxed{\begin{matrix} 1 & 2 & 0 & 0 \\ 3 & 5 & 0 & 0 \\ 0 & 0 & 2 & 1 \\ 0 & 0 & 3 & 2 \end{matrix}}\right)=\left(\boxed{\begin{matrix} 3 & 5 & -4 & -2 \\ 0 & 0 & -5 & -4 \\ 0 & 0 & 9 & 6 \end{matrix}}\right)$$

練習問題の答え

①

(1) $\begin{pmatrix} 10a+5b-5c-8 & 5a+15c-16 & 5a+10b+25c-32 \\ -12a-6b+6c+10 & -6a-18c+20 & -6a-12b-30c+40 \end{pmatrix}$

(2) $\begin{pmatrix} 4b_1+11b_2+19b_3 & -21b_1-12b_2+7b_3 & -41b_1-22b_2+17b_3 \\ -2b_1-4b_2-8b_3 & 9b_1+5b_2-3b_3 & 17b_1+9b_2-7b_3 \\ -b_1-3b_2-5b_3 & 6b_1+2b_2-2b_3 & 12b_1+4b_2-4b_3 \end{pmatrix}$ (3) $\begin{pmatrix} 1 & 0 & 0 \\ 0 & 1 & -1 \\ 0 & 1 & 1 \end{pmatrix}$

(4) $\begin{pmatrix} 1 & 0 & 0 \\ 0 & 1 & -1 \\ 0 & 1 & 1 \end{pmatrix}$

② 線形写像 T の階数および問題文中で述べたことから,
(線形写像 T の階数)$=\dim(\mathrm{Im}(T))=\dim(\{T(\boldsymbol{v})\mid\boldsymbol{v}\in V\})=\dim(\{(\boldsymbol{u}_1,\ \boldsymbol{u}_2,\ \ldots,\ \boldsymbol{u}_m)A\boldsymbol{c}\mid\boldsymbol{c}\in\boldsymbol{R}^n\})$
$=\dim$(A の列ベクトルから生成される部分空間)$=$(行列 A の階数)

13 行列と固有値1 (固有値と固有ベクトル)

定義と公式

固有値，固有ベクトル

A を $n\times n$ 行列とします．$A\boldsymbol{a}=\alpha\boldsymbol{a}(\boldsymbol{a}\neq\boldsymbol{0})$ のとき，α を行列 A の固有値，$\boldsymbol{a}$ を固有値 α に対する固有ベクトルといいます．上式を書き直して $(\alpha E-A)\boldsymbol{a}=\boldsymbol{0}$ となり，同次連立方程式 $(\alpha E-A)\boldsymbol{a}=\boldsymbol{0}$ が自明でない解 $\boldsymbol{x}=\boldsymbol{a}\neq\boldsymbol{0}$ をもつので $|\alpha E-A|=0$ となります．

固有多項式

$f_A(x)=|xE-A|$ とおくと，A が $n\times n$ 行列のとき，$f_A(x)$ は x の n 次多項式となり，A の固有多項式と呼ばれます．固有値は固有多項式の解です．

また固有値 α に対する固有ベクトルは，同次連立方程式 $(\alpha E-A)\boldsymbol{x}=\boldsymbol{0}$ を解いて求めます．$V_\alpha=\{\boldsymbol{x}\,|\,(\alpha E-A)\boldsymbol{x}=\boldsymbol{0}\}$ を固有値 α に対する固有空間と呼びます．$\dim V_\alpha\geq 2$ の場合もあるということに注意しておきましょう．

対角化

A を 3×3 行列として，固有値を $\alpha, \beta, \gamma(\alpha\neq\beta, \beta\neq\gamma, \gamma\neq\alpha)$ それぞれの固有ベクトルを $\boldsymbol{a}$，$\boldsymbol{b}$，$\boldsymbol{c}$ とすると，$\boldsymbol{a}$，$\boldsymbol{b}$，$\boldsymbol{c}$ は1次独立であることが知られています．すると $P=(\boldsymbol{a}, \boldsymbol{b}, \boldsymbol{c})$ とおくと，P は正則行列つまり P^{-1} が存在します．そのとき，

$$AP=(A\boldsymbol{a},\ A\boldsymbol{b},\ A\boldsymbol{c})=(\alpha\boldsymbol{a},\ \beta\boldsymbol{b},\ \gamma\boldsymbol{c})$$

また，

$$AP=(\boldsymbol{a},\ \boldsymbol{b},\ \boldsymbol{c})\begin{pmatrix}\alpha & 0 & 0\\ 0 & \beta & 0\\ 0 & 0 & \gamma\end{pmatrix}=P\begin{pmatrix}\alpha & 0 & 0\\ 0 & \beta & 0\\ 0 & 0 & \gamma\end{pmatrix}.$$

つまり

$$P^{-1}AP=\begin{pmatrix}\alpha & 0 & 0\\ 0 & \beta & 0\\ 0 & 0 & \gamma\end{pmatrix}.$$

これを A の対角化といいます．両辺を n 乗して，

$$(P^{-1}AP)^n=\begin{pmatrix}\alpha & 0 & 0\\ 0 & \beta & 0\\ 0 & 0 & \gamma\end{pmatrix}^n=\begin{pmatrix}\alpha^n & 0 & 0\\ 0 & \beta^n & 0\\ 0 & 0 & \gamma^n\end{pmatrix}$$

$$(P^{-1}AP)^n=(P^{-1}AP)(P^{-1}AP)\cdots(P^{-1}AP)=P^{-1}A^nP$$

$$\therefore\quad A^n=P\begin{pmatrix}\alpha^n & 0 & 0\\ 0 & \beta^n & 0\\ 0 & 0 & \gamma^n\end{pmatrix}P^{-1}$$

と A^n を具体的に求めることができます.

公式の使い方（例）

① (1) $\begin{pmatrix}1 & -2\\ 2 & 6\end{pmatrix}$ の固有値，固有ベクトルを求めましょう．また対角化を求め A^n を求めましょう.

固有多項式

$$f_A(x)=|xE-A|=\begin{vmatrix}x-1 & 2\\ -2 & x-6\end{vmatrix}=(x-1)(x-6)-2(-2)=\ x^2-7x+10=(x-2)(x-5)$$

∴　固有値は 2，5.

固有値 2 のとき，

$$2E-A=\begin{pmatrix}1 & 2\\ -2 & -4\end{pmatrix},\ \begin{pmatrix}1 & 2\\ -2 & -4\end{pmatrix}\begin{pmatrix}x\\ y\end{pmatrix}=\begin{pmatrix}0\\ 0\end{pmatrix}$$

を解いて，

$$x=-2y$$

$$\therefore\ \begin{pmatrix}x\\ y\end{pmatrix}=\begin{pmatrix}-2y\\ y\end{pmatrix}=y\begin{pmatrix}-2\\ 1\end{pmatrix}.$$

よって固有値 2 に対する固有ベクトルは $\begin{pmatrix}-2\\ 1\end{pmatrix}$.

固有値 5 に対する固有ベクトルは $\begin{pmatrix}1\\ -2\end{pmatrix}$.

$$P=\begin{pmatrix}-2 & 1\\ 1 & -2\end{pmatrix}$$

とおくと，

$$P^{-1}AP=\begin{pmatrix}2 & 0\\ 0 & 5\end{pmatrix}.$$

$$\therefore\quad P\begin{pmatrix}2^n & 0\\ 0 & 5^n\end{pmatrix}P^{-1}=\begin{pmatrix}-2 & 1\\ 1 & -2\end{pmatrix}\begin{pmatrix}2^n & 0\\ 0 & 5^n\end{pmatrix}\begin{pmatrix}-2 & -1\\ 1 & -2\end{pmatrix}^{-1}$$

$$=\frac{1}{3}\begin{pmatrix}2^{n+2}-5^n & 2^{n+1}-2\cdot 5^n\\ -2^{n+1}+2\cdot 5^n & -2^n+4\cdot 5^n\end{pmatrix}$$

$n=0$，1などを代入して検算しておくとよいでしょう．

(2) $A=\begin{pmatrix}6 & -2 & -4\\ -1 & 4 & 1\\ 3 & -2 & -1\end{pmatrix}$ の固有値，固有ベクトル，A^n を求めましょう．

固有式

$$f_A(x)=|xE-A|=\begin{vmatrix}x-6 & 2 & 4\\ 1 & x-4 & -1\\ -3 & 2 & x+1\end{vmatrix}=x^3-9x^2+26x-24=(x-2)(x-3)(x-4)$$

∴　固有値は2，3，4．

固有値2のとき，

$$2E-A=\begin{pmatrix}-4 & 2 & 4\\ 1 & -2 & -1\\ -3 & 2 & 3\end{pmatrix},\quad \begin{pmatrix}-4 & 2 & 4\\ 1 & -2 & -1\\ -3 & 2 & 3\end{pmatrix}\begin{pmatrix}x\\ y\\ z\end{pmatrix}=\begin{pmatrix}0\\ 0\\ 0\end{pmatrix}$$

を解いて，

$$x=z,\quad y=0.$$

$$\therefore\quad \begin{pmatrix}x\\ y\\ z\end{pmatrix}=\begin{pmatrix}z\\ 0\\ z\end{pmatrix}=z\begin{pmatrix}1\\ 0\\ 1\end{pmatrix}.$$

ゆえに固有値 2 に対する固有ベクトルは $\begin{pmatrix} 1 \\ 0 \\ 1 \end{pmatrix}$.

同様に固有値 3 に対する固有ベクトルは $\begin{pmatrix} 2 \\ 1 \\ 1 \end{pmatrix}$.

同様に固有値 4 に対する固有ベクトルは $\begin{pmatrix} 1 \\ -1 \\ 1 \end{pmatrix}$.

$P=\begin{pmatrix} 1 & 2 & 1 \\ 0 & 1 & -1 \\ 1 & 1 & 1 \end{pmatrix}$ とおくと,

$$P^{-1}AP=\begin{pmatrix} 2 & 0 & 0 \\ 0 & 3 & 0 \\ 0 & 0 & 4 \end{pmatrix}.$$

また

$$A^n=P\begin{pmatrix} 2^n & 0 & 0 \\ 0 & 3^n & 0 \\ 0 & 0 & 4^n \end{pmatrix}P^{-1}$$

$$=\begin{pmatrix} 1 & 2 & 1 \\ 0 & 1 & -1 \\ 1 & 1 & 1 \end{pmatrix}\begin{pmatrix} 2^n & 0 & 0 \\ 0 & 3^n & 0 \\ 0 & 0 & 4^n \end{pmatrix}\begin{pmatrix} -2 & 1 & 3 \\ 1 & 0 & -1 \\ 1 & -1 & -1 \end{pmatrix}$$

$$=\begin{pmatrix} -2^{n+1}+2\cdot 3^n+4^n & 2^n-4^n & 3\cdot 2^n-2\cdot 3^n-4^n \\ 3^n-4^n & 4^n & -3^n+4^n \\ -2^{n+1}+3^n+4^n & 2^n-4^n & 3\cdot 2^n-3^n-4^n \end{pmatrix}$$

②

$A=\begin{pmatrix} 2 & -1 & -1 \\ -1 & 2 & -1 \\ 1 & 1 & 4 \end{pmatrix}$ の固有値, 固有空間を求めましょう.

$$f_A(x)=|xE-A|=\begin{vmatrix} x-2 & 1 & 1 \\ 1 & x-2 & 1 \\ -1 & -1 & x-4 \end{vmatrix}$$
$$=(x-2)^2(x-4)-1-1+(x-2)+(x-2)-(x-4)$$
$$=x^3-8x^2+21x-18=(x-2)(x-3)^2.$$

∴　固有値は 2 と 3（重解）.

固有値 2 のとき，固有ベクトルは，$\begin{pmatrix} -1 \\ -1 \\ 1 \end{pmatrix}$.

ゆえに固有値 2 に対する固有空間は $\begin{pmatrix} -1 \\ -1 \\ 1 \end{pmatrix}$ で張られる $\boldsymbol{R}^3$ の 1 次元部分空間.

固有値 3 のとき，

$$3E-A=\begin{pmatrix} 1 & 1 & 1 \\ 1 & 1 & 1 \\ -1 & -1 & -1 \end{pmatrix},\quad \begin{pmatrix} 1 & 1 & 1 \\ 1 & 1 & 1 \\ -1 & -1 & -1 \end{pmatrix}\begin{pmatrix} x \\ y \\ z \end{pmatrix}=\begin{pmatrix} 0 \\ 0 \\ 0 \end{pmatrix}$$

を解いて，

$y=\alpha$，$z=\beta$ を任意定数として，

$x=-\alpha-\beta$

$$\therefore\quad \begin{pmatrix} x \\ y \\ z \end{pmatrix}=\begin{pmatrix} -\alpha-\beta \\ \alpha \\ \beta \end{pmatrix}=\alpha\begin{pmatrix} -1 \\ 1 \\ 0 \end{pmatrix}+\beta\begin{pmatrix} -1 \\ 0 \\ 1 \end{pmatrix}.$$

つまり固有値 3 に対する固有空間は

$$\left\{\alpha\begin{pmatrix} -1 \\ 1 \\ 0 \end{pmatrix}+\beta\begin{pmatrix} -1 \\ 0 \\ 1 \end{pmatrix}\middle|\ \alpha,\ \beta\in R\right\}$$

$$=\mathrm{span}\left(\left\{\begin{pmatrix} -1 \\ 1 \\ 0 \end{pmatrix},\ \begin{pmatrix} -1 \\ 0 \\ 1 \end{pmatrix}\right\}\right)$$ となります.

固有値 3 は 2 重解ですが，その固有空間の次元は 2（＝重複度）なので

$$P=\begin{pmatrix} -1 & -1 & -1 \\ -1 & 1 & 0 \\ 1 & 0 & 1 \end{pmatrix}$$

によって対角化可能．つまり

$$P^{-1}AP=\begin{pmatrix} 2 & 0 & 0 \\ 0 & 3 & 0 \\ 0 & 0 & 3 \end{pmatrix}$$ となります.

③

$A=\begin{pmatrix} 3 & 0 & -1 \\ -1 & 2 & 1 \\ 1 & 1 & 2 \end{pmatrix}$の固有値，固有空間を求めましょう．

$$f_A(x)=|xE-A|=\begin{vmatrix} x-3 & 0 & 1 \\ 1 & x-2 & -1 \\ -1 & -1 & x-2 \end{vmatrix}=(x-3)(x-2)^2-1+(x-2)-(x-3)$$

$$=(x-2)^2(x-3)$$

∴　固有値は 2（重解）と 3．

よって，固有値 3 に対する固有空間は$\begin{pmatrix} -1 \\ 1 \\ 0 \end{pmatrix}$で張られる $\boldsymbol{R}^3$ の 1 次元部分空間．

固有値 2 のとき，

$$2E-A=\begin{pmatrix} -1 & 0 & 1 \\ 1 & 0 & -1 \\ -1 & -1 & 0 \end{pmatrix},\ \begin{pmatrix} -1 & 0 & 1 \\ 1 & 0 & -1 \\ -1 & -1 & 0 \end{pmatrix}\begin{pmatrix} x \\ y \\ z \end{pmatrix}=\begin{pmatrix} 0 \\ 0 \\ 0 \end{pmatrix}$$

を解いて，

$$x=z,\quad x=-y.$$

$$\therefore\quad \begin{pmatrix} x \\ y \\ z \end{pmatrix}=\begin{pmatrix} z \\ -z \\ z \end{pmatrix}=z\begin{pmatrix} 1 \\ -1 \\ 1 \end{pmatrix}.$$

よって固有値 2 に対する固有空間は$\begin{pmatrix} 1 \\ -1 \\ 1 \end{pmatrix}$で張られる $\boldsymbol{R}^3$ の 1 次元部分空間．

この場合固有値 2 は 2 重解であるのに，固有空間の次元が 1 なので，対角化はできません．つまり対角化不能となります．

やってみましょう

①(1)　$A=\begin{pmatrix} 2 & 1 \\ 3 & 0 \end{pmatrix}$の固有値，固有ベクトル，対角化，$A^n$ を求めましょう．

固有多項式

$$f_A(x)=|xE-A|=\begin{vmatrix} \square & \square \\ \square & \square \end{vmatrix}$$

$$=\square=(\square)(\square).$$

よって固有値は -1，3.

固有値 -1 のとき，

$$-E-A=\begin{pmatrix} \square & -1 \\ -3 & \square \end{pmatrix},\ \begin{pmatrix} \square & -1 \\ -3 & \square \end{pmatrix}\begin{pmatrix} x \\ y \end{pmatrix}=\begin{pmatrix} 0 \\ 0 \end{pmatrix}$$

を解いて

$$y=\square.$$

$$\therefore\quad \begin{pmatrix} x \\ y \end{pmatrix}=\begin{pmatrix} x \\ \square \end{pmatrix}=x\begin{pmatrix} \square \end{pmatrix}.$$

よって固有値 -1 に対するベクトルは $\begin{pmatrix} \square \end{pmatrix}$.

同様に固有値 3 に対するベクトルは $\begin{pmatrix} \square \end{pmatrix}$.

$P=\begin{pmatrix} 1 & 1 \\ -3 & 1 \end{pmatrix}$ とおくと，

$$P^{-1}AP=\begin{pmatrix} -1 & 0 \\ 0 & 3 \end{pmatrix}.$$

$$\therefore\quad A^n=P\begin{pmatrix} \square & 0 \\ 0 & \square \end{pmatrix}P^{-1}=\frac{1}{\square}\begin{pmatrix} \square+\square & \square+\square \\ \square+\square & \square+\square \end{pmatrix}$$

(2) $A=\begin{pmatrix} 0 & -1 & 1 \\ 6 & -2 & 6 \\ 4 & 1 & 3 \end{pmatrix}$ の固有値，固有ベクトル，対角化，A^n を求めましょう.

固有多項式

$$f_A(x)=|xE-A|=\begin{vmatrix} x & 1 & -1 \\ -6 & x+2 & -6 \\ -4 & -1 & x-3 \end{vmatrix}$$

$$=x(x+2)(x-3)+24-6-4(x+2)-6x+6(x-3)$$

$$=x^3-x^2-10x-8=(x+\square)(x+\square)(x-\square)$$

∴　固有値は $\square$, $\square$, $\square$.

固有値 -1 のとき,

$$-E-A=\begin{pmatrix} \square & 1 & -1 \\ -6 & \square & -6 \\ -4 & -1 & \square \end{pmatrix}, \quad \begin{pmatrix} \square & 1 & -1 \\ -6 & \square & -6 \\ -4 & -1 & \square \end{pmatrix}\begin{pmatrix} x \\ y \\ z \end{pmatrix}=\begin{pmatrix} 0 \\ 0 \\ 0 \end{pmatrix}$$

を解いて,

$$x=-\square, \quad y=0.$$

$$\therefore \quad \begin{pmatrix} x \\ y \\ z \end{pmatrix}=\begin{pmatrix} \square \\ 0 \\ z \end{pmatrix}=\square\begin{pmatrix} \square \\ 0 \\ 1 \end{pmatrix}$$

ゆえに固有値 -1 に対する固有ベクトルは $\begin{pmatrix} \square \\ 0 \\ 1 \end{pmatrix}$

同様に固有値 -2 に対する固有ベクトルは $\begin{pmatrix} \square \end{pmatrix}$.

同様に固有値 4 に対する固有ベクトルは $\begin{pmatrix} \square \end{pmatrix}$.

$P=\begin{pmatrix} -1 & -1 & 0 \\ 0 & -1 & 1 \\ 1 & 1 & 1 \end{pmatrix}$ とおくと,

$$P^{-1}AP=\begin{pmatrix} \square & 0 & 0 \\ 0 & \square & 0 \\ 0 & 0 & \square \end{pmatrix}$$

$$\therefore \quad A^n=P\begin{pmatrix} \square^{\,n} & 0 & 0 \\ 0 & \square^{\,n} & 0 \\ 0 & 0 & \square^{\,n} \end{pmatrix}P^{-1}$$

$$=\begin{pmatrix} 2(-1)^n-(-2)^n & (-1)^{n+1}+(-2)^n & (-1)^n-(-2)^n \\ -(-2)^n+4^n & (-2)^n & -(-2)^n+4^n \\ -2(-1)^n+(-2)^n+4^n & (-1)^n-(-2)^n & (-1)^{n+1}+(-2)^n+4^n \end{pmatrix}$$

②(1) $A=\begin{pmatrix} 2 & 2 & 1 \\ -1 & 5 & 1 \\ 2 & -4 & 1 \end{pmatrix}$ の固有値，固有空間を求めましょう．また A は対角化可能でしょうか．

$$|xE-A|=\begin{vmatrix} \square & -2 & -1 \\ 1 & \square & -1 \\ -2 & 4 & \square \end{vmatrix}$$

$$=(x-2)(x-5)(x-1)-4-4-2(x-5)+4(x-2)+2(x-1)$$

$$=\square=(x-\square)(x-\square)^2.$$

$\therefore$ 固有値は $\square$ と $\square$（重解）．

固有値 2 のとき，固有ベクトルは，$\begin{pmatrix} \square \end{pmatrix}$．

固有値 3 のとき，

$$3E-A=\begin{pmatrix} \square & -2 & -1 \\ 1 & \square & -1 \\ -2 & 4 & \square \end{pmatrix},\ \begin{pmatrix} \square & -2 & -1 \\ 1 & \square & -1 \\ -2 & 4 & \square \end{pmatrix}\begin{pmatrix} x \\ y \\ z \end{pmatrix}=\begin{pmatrix} 0 \\ 0 \\ 0 \end{pmatrix}$$

を解いて，

$y=\alpha$，$z=\beta$ を任意定数とすると

$$\begin{pmatrix} x \\ y \\ z \end{pmatrix}=\begin{pmatrix} 2\alpha+\beta \\ \alpha \\ \beta \end{pmatrix}=\alpha\begin{pmatrix} \square \\ \square \\ 0 \end{pmatrix}+\beta\begin{pmatrix} \square \\ 0 \\ \square \end{pmatrix}.$$

よって

$$\text{固有値 3 に対する固有空間}=\left\{\alpha\begin{pmatrix} \square \\ \square \\ 0 \end{pmatrix}+\beta\begin{pmatrix} \square \\ 0 \\ \square \end{pmatrix}\middle|\ \alpha,\ \beta\in R\right\}$$

$=\begin{pmatrix} \square \\ \square \\ 0 \end{pmatrix},\ \begin{pmatrix} \square \\ 0 \\ \square \end{pmatrix}$ で張られる $\boldsymbol{R}^3$ の部分線形空間.

また

dim（固有値 3 に対する固有空間）＝2＝重複度

より A は対角化可能.

（実際 $P=\begin{pmatrix} 1 & 2 & 1 \\ 1 & 1 & 0 \\ -2 & 0 & 1 \end{pmatrix}$ ととれば $P^{-1}AP=\begin{pmatrix} 2 & 0 & 0 \\ 0 & 3 & 0 \\ 0 & 0 & 3 \end{pmatrix}$）

(2)　$A=\begin{pmatrix} 4 & 1 & 0 \\ -1 & 2 & 0 \\ 1 & 1 & 3 \end{pmatrix}$ の固有値と固有空間を求めましょう．また A は対角化可能でしょうか．

$$|xE-A|=\begin{vmatrix} \square & -1 & 0 \\ 1 & \square & 0 \\ -1 & -1 & \square \end{vmatrix}$$

$$=(x-3)\square=\square^3$$

ゆえに固有値は $\square$ （3 重解）.

$$\square E-A=\begin{pmatrix} \square & -1 & 0 \\ 1 & \square & 0 \\ -1 & -1 & \square \end{pmatrix}, \quad \begin{pmatrix} \square & -1 & 0 \\ 1 & \square & 0 \\ -1 & -1 & \square \end{pmatrix}\begin{pmatrix} x \\ y \\ z \end{pmatrix}=\begin{pmatrix} 0 \\ 0 \\ 0 \end{pmatrix}$$

を解いて，

$y=\alpha$，$z=\beta$ を任意定数として

$$x=\square$$

$$\therefore \quad \begin{pmatrix} x \\ y \\ z \end{pmatrix}=\begin{pmatrix} \square \\ \alpha \\ \beta \end{pmatrix}=\alpha\begin{pmatrix} \square \\ 1 \\ 0 \end{pmatrix}+\beta\begin{pmatrix} \square \\ 0 \\ 1 \end{pmatrix}.$$

固有値 3 に対する固有空間 $=\left\{\alpha\begin{pmatrix} \square \\ 1 \\ 0 \end{pmatrix}+\beta\begin{pmatrix} \square \\ 0 \\ 1 \end{pmatrix} \middle| \alpha,\ \beta\in \boldsymbol{R}\right\}$

$=\begin{pmatrix} \square \\ 1 \\ 0 \end{pmatrix}, \begin{pmatrix} \square \\ 0 \\ 1 \end{pmatrix}$ で張られる $\boldsymbol{R}^3$ の部分空間.

また

dim（固有値 3 に対する固有空間）$=2<\square=$固有値 3 の重解度

より A は対角化不能.

練習問題

① 次の各行列の固有値，固有ベクトル，対角化，A^n を求めよ.

(1) $\begin{pmatrix} 0 & -1 \\ 2 & 3 \end{pmatrix}$ (2) $\begin{pmatrix} 0 & 1 \\ -1 & 0 \end{pmatrix}$ (3) $\begin{pmatrix} 1 & 6 \\ 4 & 6 \end{pmatrix}$ (4) $\begin{pmatrix} 2 & 1 & -1 \\ -1 & 4 & 1 \\ -2 & 2 & 3 \end{pmatrix}$ (5) $\begin{pmatrix} 1 & 0 & -2 \\ 2 & 3 & 2 \\ -2 & 0 & 1 \end{pmatrix}$

(6) $\begin{pmatrix} 4 & -1 & -1 \\ -1 & 2 & 1 \\ -1 & 1 & 2 \end{pmatrix}$

② 次の各行列の固有値，固有空間を求めよ．また A は対角化可能か？

(1) $\begin{pmatrix} 1 & 2 \\ 2 & 1 \end{pmatrix}$ (2) $\begin{pmatrix} 4 & 1 \\ -1 & 2 \end{pmatrix}$ (3) $\begin{pmatrix} 2 & 0 \\ 0 & 2 \end{pmatrix}$ (4) $\begin{pmatrix} 1 & -1 & 2 \\ -1 & 1 & -2 \\ 2 & -2 & 4 \end{pmatrix}$ (5) $\begin{pmatrix} -1 & 1 & 0 \\ -4 & 3 & 0 \\ 8 & -5 & 3 \end{pmatrix}$

(6) $\begin{pmatrix} 1 & i & 1 \\ -i & 1 & i \\ 1 & -i & 1 \end{pmatrix}$ (7) $\begin{pmatrix} 2 & -4 & 2 \\ 2 & -4 & 1 \\ -4 & 4 & -4 \end{pmatrix}$ (8) $\begin{pmatrix} 3 & -3 & -1 \\ 3 & -4 & -2 \\ -4 & 7 & 4 \end{pmatrix}$ (9) $\begin{pmatrix} \alpha & 0 & 0 \\ 0 & \alpha & 0 \\ 0 & 0 & \alpha \end{pmatrix}$

(10) $\begin{pmatrix} \alpha & 1 & 0 \\ 0 & \alpha & 1 \\ 0 & 0 & \alpha \end{pmatrix}$ (11) $\begin{pmatrix} \alpha & 1 & 0 \\ 0 & \alpha & 0 \\ 0 & 0 & \alpha \end{pmatrix}$ (12) $\begin{pmatrix} \alpha & 1 & 0 \\ 0 & \alpha & 0 \\ 0 & 0 & \beta \end{pmatrix}$ $(\alpha \neq \beta)$

③ $\begin{pmatrix} a & b & c \\ c & a & b \\ b & c & a \end{pmatrix}\begin{pmatrix} 1 & 1 & 1 \\ 1 & \omega & \omega^2 \\ 1 & \omega^2 & \omega \end{pmatrix}=\begin{pmatrix} 1 & 1 & 1 \\ 1 & \omega & \omega^2 \\ 1 & \omega^2 & \omega \end{pmatrix}\begin{pmatrix} \alpha & 0 & 0 \\ 0 & \beta & 0 \\ 0 & 0 & \gamma \end{pmatrix}$ となる α，β，γ を求めること

により $\begin{pmatrix} a & b & c \\ c & a & b \\ b & c & a \end{pmatrix}$ の固有値，固有ベクトルを求めよ．ただし ω は1の複素3重解，つまり，

$\omega^2+\omega+1=0$ を満たすものとする．

答え

やってみましょうの答え

① (1) $f_A(x)=|xE-A|=\begin{vmatrix} \boxed{x-2} & \boxed{-1} \\ \boxed{-3} & \boxed{x} \end{vmatrix}=\boxed{x(x-2)-3}=(\boxed{x-3})(\boxed{x+1})$

$-E-A=\begin{pmatrix} \boxed{-3} & -1 \\ -3 & \boxed{-1} \end{pmatrix}$，$\begin{pmatrix} \boxed{-3} & -1 \\ -3 & \boxed{-1} \end{pmatrix}\begin{pmatrix} x \\ y \end{pmatrix}=\begin{pmatrix} 0 \\ 0 \end{pmatrix}$ を解いて $y=\boxed{-3x}$

$\begin{pmatrix} x \\ y \end{pmatrix}=\begin{pmatrix} x \\ \boxed{-3x} \end{pmatrix}=x\begin{pmatrix} \boxed{\begin{matrix} 1 \\ -3 \end{matrix}} \end{pmatrix}$，固有値 -1 に対するベクトルは $\begin{pmatrix} \boxed{\begin{matrix} 1 \\ -3 \end{matrix}} \end{pmatrix}$．

固有値3に対するベクトルは $\begin{pmatrix} \boxed{\begin{matrix} 1 \\ 1 \end{matrix}} \end{pmatrix}$．

$$A^n=P\begin{pmatrix} \boxed{(-1)^n} & 0 \\ 0 & \boxed{3^n} \end{pmatrix}P^{-1}=\frac{1}{\boxed{4}}\begin{pmatrix} \boxed{(-1)^n}+\boxed{3^{n+1}} & \boxed{(-1)^{n+1}}+\boxed{3^n} \\ \boxed{-3(-1)^n}+\boxed{3^{n+1}} & \boxed{3(-1)^n}+\boxed{3^n} \end{pmatrix}$$

(2) $f_A(x)=|xE-A|=(x+\boxed{1})(x+\boxed{2})(x-\boxed{4})$．∴ 固有値は $\boxed{-1}$，$\boxed{-2}$，$\boxed{4}$．

固有値 -1 のとき，$-E-A=\begin{pmatrix}\boxed{-1}&1&-1\\-6&\boxed{1}&-6\\-4&-1&\boxed{-4}\end{pmatrix}$，$\begin{pmatrix}\boxed{-1}&1&-1\\-6&\boxed{1}&-6\\-4&-1&\boxed{-4}\end{pmatrix}\begin{pmatrix}x\\y\\z\end{pmatrix}=\begin{pmatrix}0\\0\\0\end{pmatrix}$

を解いて，$x=-\boxed{z}$，$y=0$．　$\therefore$　$\begin{pmatrix}x\\y\\z\end{pmatrix}=\begin{pmatrix}\boxed{-z}\\0\\z\end{pmatrix}=z\begin{pmatrix}\boxed{-1}\\0\\1\end{pmatrix}$．

$\therefore$固有値 -1 に対する固有ベクトルは $\begin{pmatrix}\boxed{-1}\\0\\1\end{pmatrix}$．固有値 -2 に対する固有ベクトルは $\begin{pmatrix}\boxed{\begin{matrix}-1\\-1\\1\end{matrix}}\end{pmatrix}$．

固有値 4 に対する固有ベクトルは $\begin{pmatrix}\boxed{\begin{matrix}0\\1\\1\end{matrix}}\end{pmatrix}$．

$$P=\begin{pmatrix}-1&-1&0\\0&-1&1\\1&1&1\end{pmatrix},\quad P^{-1}AP=\begin{pmatrix}\boxed{-1}&0&0\\0&\boxed{-2}&0\\0&0&\boxed{4}\end{pmatrix},\quad A^n=P\begin{pmatrix}\boxed{-1}^n&0&0\\0&\boxed{-2}^n&0\\0&0&\boxed{4}^n\end{pmatrix}P^{-1}.$$

②(1)　$|xE-A|=\begin{vmatrix}\boxed{x-2}&-2&-1\\1&\boxed{x-5}&-1\\-2&4&\boxed{x-1}\end{vmatrix}=\boxed{x^3-8x^2+21x-18}=(x-\boxed{2})(x-\boxed{3})^2$．

$\therefore$　固有値は $\boxed{2}$ と $\boxed{3}$ (重解)．

固有値 2 のとき，固有ベクトルは $\begin{pmatrix}\boxed{\begin{matrix}1\\1\\-2\end{matrix}}\end{pmatrix}$．

固有値 3 のとき，$3E-A=\begin{pmatrix}\boxed{1}&-2&-1\\1&\boxed{-2}&-1\\-2&4&\boxed{2}\end{pmatrix}$，$\begin{pmatrix}\boxed{1}&-2&-1\\1&\boxed{-2}&-1\\-2&4&\boxed{2}\end{pmatrix}\begin{pmatrix}x\\y\\z\end{pmatrix}=\begin{pmatrix}0\\0\\0\end{pmatrix}$

を解いて，$\begin{pmatrix}x\\y\\z\end{pmatrix}=\begin{pmatrix}2\alpha+\beta\\\alpha\\\beta\end{pmatrix}=\alpha\begin{pmatrix}\boxed{2}\\\boxed{1}\\0\end{pmatrix}+\beta\begin{pmatrix}\boxed{1}\\0\\\boxed{1}\end{pmatrix}$．

固有値 3 に対する固有空間 $=\left\{\alpha\begin{pmatrix}\boxed{2}\\\boxed{1}\\0\end{pmatrix}+\beta\begin{pmatrix}\boxed{1}\\\boxed{0}\\1\end{pmatrix}\middle|\,\alpha,\ \beta\in\boldsymbol{R}\right\}=\begin{pmatrix}\boxed{2}\\\boxed{1}\\0\end{pmatrix}$，$\begin{pmatrix}\boxed{1}\\0\\\boxed{1}\end{pmatrix}$ で張られる $\boldsymbol{R}^3$

の部分線形空間．

(2)　$|xE-\ A|=\begin{vmatrix}\boxed{x-4}&-1&0\\1&\boxed{x-2}&0\\-1&-1&\boxed{x-3}\end{vmatrix}=(x-3)\boxed{((x-2)(x-4)+1)}=\boxed{(x-3)}^3$

∴固有値は $\boxed{3}$ (3 重解).

$$\boxed{3}E-A=\begin{pmatrix}\boxed{-1} & -1 & 0\\ 1 & \boxed{1} & 0\\ -1 & -1 & \boxed{0}\end{pmatrix},\ \begin{pmatrix}\boxed{-1} & -1 & 0\\ 1 & \boxed{1} & 0\\ -1 & -1 & \boxed{0}\end{pmatrix}\begin{pmatrix}x\\ y\\ z\end{pmatrix}=\begin{pmatrix}0\\ 0\\ 0\end{pmatrix}$$ を解いて,

$y=\alpha$, $z=\beta$ を任意定数として $x=\boxed{-\alpha}$ ∴ $\begin{pmatrix}x\\ y\\ z\end{pmatrix}=\begin{pmatrix}\boxed{-\alpha}\\ \alpha\\ \beta\end{pmatrix}=\alpha\begin{pmatrix}\boxed{-1}\\ 0\\ 1\end{pmatrix}+\beta\begin{pmatrix}\boxed{0}\\ 0\\ 1\end{pmatrix}$.

∴固有値 3 に対する固有空間 $=\left\{\alpha\begin{pmatrix}\boxed{-1}\\ 1\\ 0\end{pmatrix}+\beta\begin{pmatrix}\boxed{0}\\ 0\\ 1\end{pmatrix}\middle|\ \alpha,\beta\in R\right\}=\begin{pmatrix}\boxed{-1}\\ 1\\ 0\end{pmatrix},\begin{pmatrix}\boxed{0}\\ 0\\ 1\end{pmatrix}$ で張られる $\boldsymbol{R}^3$ の部分空間. dim (固有値 3 に対する固有空間) $=2<\boxed{3}=$ 固有値 3 の重解度

練習問題の答え

① (1) 固有値は 1, 2. 固有値 1 に対する固有ベクトル $\begin{pmatrix}1\\ -1\end{pmatrix}$. 2 に対する固有ベクトル $\begin{pmatrix}1\\ -2\end{pmatrix}$.

$P=\begin{pmatrix}1 & 1\\ -1 & -2\end{pmatrix}$ として $P^{-1}AP=\begin{pmatrix}1 & 0\\ 0 & 2\end{pmatrix}$. $A^n=P\begin{pmatrix}1 & 0\\ 0 & 2^n\end{pmatrix}P^{-1}=\begin{pmatrix}2-2^n & 1-2^n\\ -2+2^{n+1} & -1+2^{n+1}\end{pmatrix}$.

(2) 固有値は i, $-i$. 固有値 i に対する固有ベクトル $\begin{pmatrix}1\\ i\end{pmatrix}$. $-i$ に対する固有ベクトル $\begin{pmatrix}1\\ -i\end{pmatrix}$.

$P=\begin{pmatrix}1 & 1\\ i & -i\end{pmatrix}$ として $P^{-1}AP=\begin{pmatrix}i & 0\\ 0 & -i\end{pmatrix}$.

$A^n=P\begin{pmatrix}i^n & 0\\ 0 & (-i)^n\end{pmatrix}P^{-1}=\dfrac{1}{2}\begin{pmatrix}i^n+(-i)^n & -i^{n+1}-(-i)^{n+1}\\ i^{n+1}+(-i)^{n+1} & i^n+(-i)^n\end{pmatrix}$.

(3) 固有値は 9 と -2. 9 に対する固有ベクトル $\begin{pmatrix}3\\ 4\end{pmatrix}$. -2 に対する固有ベクトル $\begin{pmatrix}2\\ -1\end{pmatrix}$. $P=\begin{pmatrix}3 & 2\\ 4 & -1\end{pmatrix}$

として

$P^{-1}AP=\begin{pmatrix}9 & 0\\ 0 & -2\end{pmatrix}$. $A^n=P\begin{pmatrix}9^n & 0\\ 0 & (-2)^n\end{pmatrix}P^{-1}=\dfrac{1}{11}\begin{pmatrix}3\cdot9^n+8(-2)^n & 6\cdot9^n-6(-2)^n\\ 4\cdot9^n-4(-2)^n & 8\cdot9^n+3(-2)^n\end{pmatrix}$.

(4) 固有値は 1, 3, 5. 固有値 1 に対する固有ベクトル $\begin{pmatrix}1\\ 0\\ 1\end{pmatrix}$. 3 に対する固有ベクトル $\begin{pmatrix}1\\ 1\\ 0\end{pmatrix}$. 5 に対する固有ベクトル $\begin{pmatrix}0\\ 1\\ 1\end{pmatrix}$. $P=\begin{pmatrix}1 & 1 & 0\\ 0 & 1 & 1\\ 1 & 0 & 1\end{pmatrix}$ として $P^{-1}AP=\begin{pmatrix}1 & 0 & 0\\ 0 & 3 & 0\\ 0 & 0 & 5\end{pmatrix}$.

$A^n=\dfrac{1}{2}\begin{pmatrix}1+3^n & -1+3^n & 1-3^n\\ 3^n-5^n & 3^n+5^n & -3^n+5^n\\ 1-5^n & -1+5^n & 1+5^n\end{pmatrix}$.

(5) 固有値は -1，3（2 重解）．-1 に対する固有ベクトル $\begin{pmatrix} 1 \\ -1 \\ 1 \end{pmatrix}$．3 に対する固有ベクトル $\begin{pmatrix} 0 \\ 1 \\ 0 \end{pmatrix}$，

$\begin{pmatrix} -1 \\ 0 \\ 1 \end{pmatrix}$．$P=\begin{pmatrix} 1 & 0 & -1 \\ -1 & 1 & 0 \\ 1 & 0 & 1 \end{pmatrix}$ とおくと $P^{-1}AP=\begin{pmatrix} -1 & 0 & 0 \\ 0 & 3 & 0 \\ 0 & 0 & 3 \end{pmatrix}$．

$$A^n=\frac{1}{2}\begin{pmatrix} 3^n+(-1)^n & 0 & -3^n+(-1)^n \\ 3^n+(-1)^{n+1} & 2\cdot 3^n & 3^n+(-1)^{n+1} \\ -3^n+(-1)^n & 0 & 3^n+(-1)^n \end{pmatrix}.$$

(6) 固有値は 1，2，5．1 に対する固有ベクトル $\begin{pmatrix} 0 \\ 1 \\ -1 \end{pmatrix}$．2 に対する固有ベクトル $\begin{pmatrix} 1 \\ 1 \\ 1 \end{pmatrix}$．

5 に対する固有ベクトル $\begin{pmatrix} 2 \\ -1 \\ -1 \end{pmatrix}$．$P=\begin{pmatrix} 0 & 1 & 2 \\ 1 & 1 & -1 \\ -1 & 1 & -1 \end{pmatrix}$ とおいて $PAP^{-1}=\begin{pmatrix} 1 & 0 & 0 \\ 0 & 2 & 0 \\ 0 & 0 & 5 \end{pmatrix}$．

$$A^n=\frac{1}{6}\begin{pmatrix} 2^{n+1}+4\cdot 5^n & 2^{n+1}-2\cdot 5^n & 2^{n+1}-2\cdot 5^n \\ 2^{n+1}-2\cdot 5^n & 3+2^{n+1}+5^n & -3+2^{n+1}+5^n \\ 2^{n+1}-2\cdot 5^n & -3+2^{n+1}+5^n & 3+2^{n+1}+5^n \end{pmatrix}.$$

② (1) 固有値は 3，-1．3 の固有空間は $\begin{pmatrix} 1 \\ 1 \end{pmatrix}$ で張られる $\boldsymbol{R}^2$ の部分線形空間，

-1 の固有空間は $\begin{pmatrix} 1 \\ -1 \end{pmatrix}$ で張られる $\boldsymbol{R}^2$ の部分線形空間，対角化可能．

(2) 固有値は 3（2 重解），3 の固有空間は $\begin{pmatrix} 1 \\ -1 \end{pmatrix}$ で張られる $\boldsymbol{R}^2$ の部分線形空間，対角化不能．

(3) 固有値は 2（2 重解），2 の固有空間は $\begin{pmatrix} 1 \\ 0 \end{pmatrix}$，$\begin{pmatrix} 0 \\ 1 \end{pmatrix}$ で張られる $\boldsymbol{R}^2$ の部分線形空間（すなわち $\boldsymbol{R}^2$ 全体），対角化可能．

(4) 固有値は 6，0（2 重解），6 の固有空間は $\begin{pmatrix} 1 \\ -1 \\ 2 \end{pmatrix}$ で張られる $\boldsymbol{R}^3$ の部分線形空間，

0 の固有空間は $\begin{pmatrix} 1 \\ 1 \\ 0 \end{pmatrix}$，$\begin{pmatrix} -2 \\ 0 \\ 1 \end{pmatrix}$ で張られる $\boldsymbol{R}^3$ の部分線形空間，対角化可能．

(5) 固有値は 3，1（2 重解），3 の固有空間は $\begin{pmatrix} 0 \\ 0 \\ 1 \end{pmatrix}$ で張られる $\boldsymbol{R}^3$ の部分線形空間，1 の固有空間は

$\begin{pmatrix} 1 \\ 2 \\ 1 \end{pmatrix}$ で張られる $\boldsymbol{R}^3$ の部分線形空間，対角化不能．

(6) 固有値は -1, 2（2重解），-1 の固有空間は $\begin{pmatrix} 1 \\ i \\ -1 \end{pmatrix}$ で張られる $\boldsymbol{R}^3$ の部分線形空間，

2の固有空間は $\begin{pmatrix} i \\ 1 \\ 0 \end{pmatrix}$, $\begin{pmatrix} 0 \\ 1 \\ -i \end{pmatrix}$ で張られる $\boldsymbol{R}^3$ の部分線形空間.

(7) 固有値は -2（3重解），-2 の固有空間は $\begin{pmatrix} 1 \\ 1 \\ 0 \end{pmatrix}$, $\begin{pmatrix} 1 \\ 0 \\ -2 \end{pmatrix}$ で張られる $\boldsymbol{R}^3$ の部分線形空間，対角化不能.

(8) 固有値は1（3重解），1の固有空間は $\begin{pmatrix} -1 \\ -1 \\ 1 \end{pmatrix}$ で張られる $\boldsymbol{R}^3$ の部分線形空間，対角化不能.

(9) 固有値は α（3重解），固有空間は $\boldsymbol{R}^3$ 全体，対角化可能.

(10) 固有値は α（3重解），固有空間は $\begin{pmatrix} 1 \\ 0 \\ 0 \end{pmatrix}$ で張られる $\boldsymbol{R}^3$ の部分線形空間，対角化不能.

(11) 固有値は α（3重解），固有空間は $\begin{pmatrix} 1 \\ 0 \\ 0 \end{pmatrix}$, $\begin{pmatrix} 0 \\ 0 \\ 1 \end{pmatrix}$ で張られる $\boldsymbol{R}^3$ の部分線形空間，対角化不能.

(12) 固有値は β, α（2重解），β の固有空間は $\begin{pmatrix} 0 \\ 0 \\ 1 \end{pmatrix}$ で張られる $\boldsymbol{R}^3$ の部分線形空間，

α の固有空間は $\begin{pmatrix} 1 \\ 0 \\ 0 \end{pmatrix}$ で張られる $\boldsymbol{R}^3$ の部分線形空間，対角化不能.

③

$$\begin{pmatrix} a & b & c \\ c & a & b \\ b & c & a \end{pmatrix}\begin{pmatrix} 1 & 1 & 1 \\ 1 & \omega & \omega^2 \\ 1 & \omega^2 & \omega \end{pmatrix}$$
$$=\begin{pmatrix} a+b+c & a+b\omega+c\omega^2 & a+b\omega^2+c\omega \\ a+b+c & a\omega+b\omega^2+c & a\omega^2+b\omega+c \\ a+b+c & a\omega^2+b+c\omega & a\omega+b+c\omega^2 \end{pmatrix}$$
$$=\begin{pmatrix} 1 & 1 & 1 \\ 1 & \omega & \omega^2 \\ 1 & \omega^2 & \omega \end{pmatrix}\begin{pmatrix} a+b+c & 0 & 0 \\ 0 & a+b\omega+c\omega^2 & 0 \\ 0 & 0 & a+b\omega^2+c\omega \end{pmatrix}.$$

固有値は $a+b+c$, $a\omega+b\omega+c\omega^2$, $a+b\omega^2+c\omega$ で

固有ベクトルはそれぞれ $\begin{pmatrix} 1 \\ 1 \\ 1 \end{pmatrix}$, $\begin{pmatrix} 1 \\ \omega \\ \omega^2 \end{pmatrix}$, $\begin{pmatrix} 1 \\ \omega^2 \\ \omega \end{pmatrix}$ となる.

この $\begin{pmatrix} a & b & c \\ c & a & b \\ b & c & a \end{pmatrix}$ を巡回行列といいます.
また両辺の行列式をとることにより
$$\begin{vmatrix} a & b & c \\ c & a & b \\ b & c & a \end{vmatrix}=a^3+b^3+c^3-3abc$$
$$=(a+b+c)(a+b\omega+c\omega^2)(a+b\omega^2+c\omega)$$
となることに注意をしておきます.

14 行列と固有値2(実対称行列)

ここでは実対称行列の固有値問題を調べておきましょう．またグラム・シュミットの直交化ついてもみてみましょう．

定義と公式

A を実数を成分とする行列で ${}^tA=A$ を満たすとき A を実対称行列といいます．このとき次の性質が知られています．

対角化可能

実対称行列 A の固有値はすべて実数で，A はある直交行列 $P({}^tPP=E)$ で必ず対角化できます．(3×3 行列 P が直交行列であるとは $P=(\boldsymbol{a}_1,\ \boldsymbol{a}_2,\ \boldsymbol{a}_3)$．$\boldsymbol{a}_1$，$\boldsymbol{a}_2$，$\boldsymbol{a}_3$ は $\boldsymbol{R}^3$ の正規直交基底．つまり $\|\boldsymbol{a}_1\|=\|\boldsymbol{a}_2\|=\|\boldsymbol{a}_3\|=1$，$\boldsymbol{a}_1\cdot\boldsymbol{a}_2=\boldsymbol{a}_2\cdot\boldsymbol{a}_3=\boldsymbol{a}_3\cdot\boldsymbol{a}_1=0$)．また，固有値が重解の場合には次のグラム・シュミットの直交化法を用います．

グラム・シュミットの直交化

$\boldsymbol{a}_1$，$\boldsymbol{a}_2$，$\boldsymbol{a}_3$，… を1次独立なベクトルとすると次のように $\boldsymbol{a}_i$ の1次結合から正規直交系 ($\|\boldsymbol{b}_i\|=1$，$\boldsymbol{b}_i\cdot\boldsymbol{b}_j=0\,(i\neq j)$ を満たすもの) を次々に作り出すことができます．

まず

$$\boldsymbol{b}_1=\frac{\boldsymbol{a}_1}{\|\boldsymbol{a}_1\|},$$

$$\boldsymbol{b}'_2=\boldsymbol{a}_2-(\boldsymbol{a}_2\text{ の }\boldsymbol{b}_1\text{ への正射影})=\boldsymbol{a}_2-(\boldsymbol{a}_2\cdot\boldsymbol{b}_1)\boldsymbol{b}_1.$$

ここで $\boldsymbol{b}'_2$ と $\boldsymbol{b}_1$ は直交することに注意しておきます．実際，

$$\boldsymbol{b}'_2\cdot\boldsymbol{b}_1=\boldsymbol{a}_2\cdot\boldsymbol{b}_1-(\boldsymbol{a}_2\cdot\boldsymbol{b}_1)\boldsymbol{b}_1\cdot\boldsymbol{b}_1=0.$$

そこで

$$\boldsymbol{b}_2=\frac{\boldsymbol{b}'_2}{\|\boldsymbol{b}'_2\|}.$$

$$\boldsymbol{b}'_3=\boldsymbol{a}_3-(\boldsymbol{a}_3\text{ の }\boldsymbol{b}_1\text{ への正射影})-(\boldsymbol{a}_3\text{ の }\boldsymbol{b}_2\text{ への正射影})=\boldsymbol{a}_3-(\boldsymbol{a}_3\cdot\boldsymbol{b}_1)\boldsymbol{b}_1-(\boldsymbol{a}_3\cdot\boldsymbol{b}_2)\boldsymbol{b}_2.$$

ここで $\boldsymbol{b}'_3$ と $\boldsymbol{b}_1$，$\boldsymbol{b}'_3$ と $\boldsymbol{b}_2$ は直交することに注意します．実際，

$$\boldsymbol{b}'_3\cdot\boldsymbol{b}_1=\boldsymbol{a}_3\cdot\boldsymbol{b}_1-(\boldsymbol{a}_3\cdot\boldsymbol{b}_1)(\boldsymbol{b}_1\cdot\boldsymbol{b}_1)-(\boldsymbol{a}_3\cdot\boldsymbol{b}_2)(\boldsymbol{b}_2\cdot\boldsymbol{b}_1)=0.$$

$$\boldsymbol{b}'_3\cdot\boldsymbol{b}_2=\boldsymbol{a}_3\cdot\boldsymbol{b}_2-(\boldsymbol{a}_3\cdot\boldsymbol{b}_1)(\boldsymbol{b}_1\cdot\boldsymbol{b}_2)-(\boldsymbol{a}_3\cdot\boldsymbol{b}_2)(\boldsymbol{b}_2\cdot\boldsymbol{b}_2)=0.$$

そこで $\boldsymbol{b}_3=\dfrac{\boldsymbol{b}'_3}{\|\boldsymbol{b}'_3\|}$.

以下同様．

これを用いてベクトル空間の基底 $\boldsymbol{a}_1$，$\boldsymbol{a}_2$，…，$\boldsymbol{a}_n$ から正規直交基底 $\boldsymbol{b}_1$，$\boldsymbol{b}_2$，…，$\boldsymbol{b}_n$ を作り出

すことができます．

公式の使い方（例）

① 以下の実対称行列についての固有値，固有ベクトルを求め直交行列で対角化してみましょう．

(1) $A=\begin{pmatrix} 2 & 0 & -1 \\ 0 & 2 & -1 \\ -1 & -1 & 3 \end{pmatrix}$ (2) $A=\begin{pmatrix} 3 & -2 & 2 \\ -2 & 0 & -1 \\ 2 & -1 & 0 \end{pmatrix}$

(1)

$$f_A(x)=|xE-A|=\begin{vmatrix} x-2 & 0 & 1 \\ 0 & x-2 & 1 \\ 1 & 1 & x-3 \end{vmatrix}=(x-1)(x-2)(x-4).$$

固有値 1 のとき，固有ベクトルを求めて正規化すると，$\dfrac{1}{\sqrt{3}}\begin{pmatrix} 1 \\ 1 \\ 1 \end{pmatrix}$.

固有値 2 のとき，固有ベクトルを求めて正規化すると，$\dfrac{1}{\sqrt{2}}\begin{pmatrix} -1 \\ 1 \\ 0 \end{pmatrix}$.

固有値 4 のとき，固有ベクトルを求めて正規化すると，$\dfrac{1}{\sqrt{6}}\begin{pmatrix} 1 \\ 1 \\ -2 \end{pmatrix}$.

よって

$$P=\begin{pmatrix} \frac{1}{\sqrt{3}} & -\frac{1}{\sqrt{2}} & \frac{1}{\sqrt{6}} \\ \frac{1}{\sqrt{3}} & \frac{1}{\sqrt{2}} & \frac{1}{\sqrt{6}} \\ \frac{1}{\sqrt{3}} & 0 & -\frac{2}{\sqrt{6}} \end{pmatrix}$$

とおくと，

$$P^{-1}AP={}^tPAP=\begin{pmatrix} 1 & 0 & 0 \\ 0 & 2 & 0 \\ 0 & 0 & 4 \end{pmatrix}.$$

たとえば $A^n=P\begin{pmatrix} 1 & 0 & 0 \\ 0 & 2^n & 0 \\ 0 & 0 & 4^n \end{pmatrix}P^{-1}$ $=P\begin{pmatrix} 1 & 0 & 0 \\ 0 & 2^n & 0 \\ 0 & 0 & 4^n \end{pmatrix}{}^tP$ となるので実対称行列の場合は逆行列の計算をしなくてよいのです．

(2)

$$f_A(x)=|xE-A|=\begin{vmatrix} x-3 & 2 & -2 \\ 2 & x & 1 \\ -2 & 1 & x \end{vmatrix}=(x-3)^2x^2-4-4-4x-(x-3)-4x$$

$$=x^3-3x^2-9x-5=(x+1)^2(x-5).$$

よって固有値は5，−1（2重解）.

固有値5のとき，固有ベクトルを求めて正規化すると，$\dfrac{1}{\sqrt{6}}\begin{pmatrix} 2 \\ -1 \\ 1 \end{pmatrix}$.

固有値 −1のとき，

$$-E-A=\begin{pmatrix} -4 & 2 & -2 \\ 2 & -1 & 1 \\ -2 & 1 & -1 \end{pmatrix},\quad \begin{pmatrix} -4 & 2 & -2 \\ 2 & -1 & 1 \\ -2 & 1 & -1 \end{pmatrix}\begin{pmatrix} x \\ y \\ z \end{pmatrix}=\begin{pmatrix} 0 \\ 0 \\ 0 \end{pmatrix}$$

これを解いて，$y=\alpha$，$z=\beta$ を任意定数として

$$x=\frac{\alpha}{2}-\frac{\beta}{2}.$$

$$\therefore \begin{pmatrix} x \\ y \\ z \end{pmatrix}=\begin{pmatrix} \frac{\alpha}{2}-\frac{\beta}{2} \\ \alpha \\ \beta \end{pmatrix}=\frac{\alpha}{2}\begin{pmatrix} 1 \\ 2 \\ 0 \end{pmatrix}-\frac{\beta}{2}\begin{pmatrix} -1 \\ 0 \\ 2 \end{pmatrix}$$

よって固有値 −1に対する固有空間は$\begin{pmatrix} 1 \\ 2 \\ 0 \end{pmatrix}$，$\begin{pmatrix} -1 \\ 0 \\ 2 \end{pmatrix}$で張られる $\boldsymbol{R}^3$ の部分線形空間．これは自動的に$\begin{pmatrix} \frac{2}{\sqrt{6}} \\ -\frac{1}{\sqrt{6}} \\ \frac{1}{\sqrt{6}} \end{pmatrix}$と直交しているが，$\begin{pmatrix} 1 \\ 2 \\ 0 \end{pmatrix}$と$\begin{pmatrix} -1 \\ 0 \\ 2 \end{pmatrix}$は直交していないのでグラム・シュミットの直交化法を用います．$\begin{pmatrix} 1 \\ 2 \\ 0 \end{pmatrix}$を正規化して$\dfrac{1}{\sqrt{5}}\begin{pmatrix} 1 \\ 2 \\ 0 \end{pmatrix}$.

$$\begin{pmatrix}-1\\0\\2\end{pmatrix}-\begin{pmatrix}-1\\0\\2\end{pmatrix}\cdot\begin{pmatrix}\frac{1}{\sqrt{5}}\\\frac{2}{\sqrt{5}}\\0\end{pmatrix}\begin{pmatrix}\frac{1}{\sqrt{5}}\\\frac{2}{\sqrt{5}}\\0\end{pmatrix}=\begin{pmatrix}-1\\0\\2\end{pmatrix}+\frac{1}{5}\begin{pmatrix}1\\2\\0\end{pmatrix}=\begin{pmatrix}-\frac{4}{5}\\\frac{2}{5}\\2\end{pmatrix}=-\frac{2}{5}\begin{pmatrix}2\\-1\\-5\end{pmatrix}.$$

よって $\begin{pmatrix}2\\-1\\-5\end{pmatrix}$ を正規化して $\frac{1}{\sqrt{30}}\begin{pmatrix}2\\-1\\-5\end{pmatrix}$

よって

$$P=\begin{pmatrix}\frac{2}{\sqrt{6}} & \frac{1}{\sqrt{5}} & \frac{2}{\sqrt{30}}\\ -\frac{1}{\sqrt{6}} & \frac{2}{\sqrt{5}} & -\frac{1}{\sqrt{30}}\\ \frac{1}{\sqrt{6}} & 0 & -\frac{5}{\sqrt{30}}\end{pmatrix}\text{ とおくと，}P^{-1}AP={}^tPAP=\begin{pmatrix}5&0&0\\0&-1&0\\0&0&-1\end{pmatrix}.$$

②（グラム・シュミットの直交化）

$\boldsymbol{R}^3$ の基底 $\boldsymbol{a}_1=\begin{pmatrix}1\\0\\1\end{pmatrix}$, $\boldsymbol{a}_2=\begin{pmatrix}1\\1\\0\end{pmatrix}$, $\boldsymbol{a}_3=\begin{pmatrix}1\\1\\3\end{pmatrix}$ から正規直交基底を作りましょう．

$$\boldsymbol{b}_1=\frac{\boldsymbol{a}_1}{\|\boldsymbol{a}_1\|}=\frac{1}{\sqrt{2}}\begin{pmatrix}1\\0\\1\end{pmatrix}.$$

$$\boldsymbol{b}'_2=\begin{pmatrix}1\\1\\0\end{pmatrix}-\begin{pmatrix}1\\1\\0\end{pmatrix}\cdot\begin{pmatrix}\frac{1}{\sqrt{2}}\\0\\\frac{1}{\sqrt{2}}\end{pmatrix}\cdot\begin{pmatrix}\frac{1}{\sqrt{2}}\\0\\\frac{1}{\sqrt{2}}\end{pmatrix}=\begin{pmatrix}1\\1\\0\end{pmatrix}-\frac{1}{2}\begin{pmatrix}1\\0\\1\end{pmatrix}=\begin{pmatrix}\frac{1}{2}\\1\\-\frac{1}{2}\end{pmatrix}=\frac{1}{2}\begin{pmatrix}1\\2\\-1\end{pmatrix}$$

よって $\boldsymbol{b}_2=\frac{1}{\sqrt{3}}\begin{pmatrix}1\\2\\-1\end{pmatrix}$

$$\boldsymbol{b}'_3=\begin{pmatrix}1\\1\\3\end{pmatrix}-\begin{pmatrix}1\\1\\3\end{pmatrix}\cdot\begin{pmatrix}\frac{1}{\sqrt{2}}\\0\\\frac{1}{\sqrt{2}}\end{pmatrix}\begin{pmatrix}\frac{1}{\sqrt{2}}\\0\\\frac{1}{\sqrt{2}}\end{pmatrix}-\begin{pmatrix}1\\1\\3\end{pmatrix}\cdot\begin{pmatrix}\frac{1}{\sqrt{6}}\\\frac{2}{\sqrt{6}}\\-\frac{1}{\sqrt{6}}\end{pmatrix}\begin{pmatrix}\frac{1}{\sqrt{6}}\\\frac{2}{\sqrt{6}}\\-\frac{1}{\sqrt{6}}\end{pmatrix}$$

$$=\begin{pmatrix}1\\1\\3\end{pmatrix}-2\begin{pmatrix}1\\0\\1\end{pmatrix}-0\begin{pmatrix}1\\1\\-1\end{pmatrix}=\begin{pmatrix}-1\\1\\1\end{pmatrix}$$

$$\boldsymbol{b}_3=\frac{\boldsymbol{b}'_3}{\|\boldsymbol{b}'_3\|}=\frac{1}{\sqrt{3}}\begin{pmatrix}-1\\1\\1\end{pmatrix}.$$

よって求める正規直交基底は $\frac{1}{\sqrt{2}}\begin{pmatrix}1\\0\\1\end{pmatrix}$, $\frac{1}{\sqrt{6}}\begin{pmatrix}1\\2\\-1\end{pmatrix}$, $\frac{1}{\sqrt{3}}\begin{pmatrix}-1\\1\\1\end{pmatrix}$.

やってみましょう

① 以下の実対称行列についての固有値，固有ベクトルを求め，直交行列で対角化してみましょう．

(1) $A=\begin{pmatrix}-1&0&2\\0&-1&2\\2&2&-3\end{pmatrix}$ (2) $A=\begin{pmatrix}-1&-1&2\\-1&-1&-2\\2&-2&2\end{pmatrix}$

(2)

$$f_A(x)=|xE-A|=\begin{vmatrix}\boxed{}&0&-2\\0&\boxed{}&-2\\-2&-2&\boxed{}\end{vmatrix}$$

$$=(x+\boxed{})(x+\boxed{})(x-\boxed{}).$$

よって固有値は $\boxed{}$, $\boxed{}$, $\boxed{}$.

固有値 -5 のとき，固有ベクトルを求めて正規化すると，$\dfrac{1}{\square}\begin{pmatrix} \square \end{pmatrix}$.

固有値 -1 のとき，固有ベクトルを求めて正規化して $\dfrac{1}{\square}\begin{pmatrix} \square \end{pmatrix}$.

固有値 $\square$ のとき，固有ベクトルを求めて正規化して $\dfrac{1}{\square}\begin{pmatrix} \square \end{pmatrix}$.

$$P=\begin{pmatrix} \frac{1}{\sqrt{6}} & -\frac{1}{\sqrt{2}} & \frac{1}{\sqrt{3}} \\ \frac{1}{\sqrt{6}} & \frac{1}{\sqrt{2}} & \frac{1}{\sqrt{3}} \\ -\frac{2}{\sqrt{6}} & 0 & \frac{1}{\sqrt{3}} \end{pmatrix}$$ ととると，

$$P^{-1}AP={}^{t}PAP=\begin{pmatrix} \square & 0 & 0 \\ 0 & \square & 0 \\ 0 & 0 & \square \end{pmatrix}.$$

(2)

$$f_A(x)=|xE-A|=\begin{vmatrix} \square & 1 & -2 \\ 1 & \square & 2 \\ -2 & 2 & \square \end{vmatrix}=(x+\square)^2(x-\square).$$

固有値 4 のとき，固有ベクトルを求めて正規化して $\dfrac{1}{\square}\begin{pmatrix} \square \end{pmatrix}$.

固有値 -2 のとき，

$$-2E-A=\begin{pmatrix} \square & 1 & -2 \\ 1 & \square & 2 \\ -2 & 2 & \square \end{pmatrix},\quad \begin{pmatrix} \square & 1 & -2 \\ 1 & \square & 2 \\ -2 & 2 & \square \end{pmatrix}\begin{pmatrix} x \\ y \\ z \end{pmatrix}=\begin{pmatrix} 0 \\ 0 \\ 0 \end{pmatrix}$$

これを解いて $y=\alpha$，$z=\beta$ (任意定数) として

$$x=\alpha-2\beta.$$

すると

$$\begin{pmatrix} x \\ y \\ z \end{pmatrix}=\begin{pmatrix} \alpha-2\beta \\ \alpha \\ \beta \end{pmatrix}=\alpha\begin{pmatrix} \square \end{pmatrix}+\beta\begin{pmatrix} \square \end{pmatrix}$$

あとはグラム・シュミットの直交化法を用いると，正規直交基底は，

$$\frac{1}{\square}\begin{pmatrix} \square \end{pmatrix} \text{ の } \frac{1}{\square}\begin{pmatrix} \square \end{pmatrix}$$

よって $P=\begin{pmatrix} -\frac{1}{\sqrt{6}} & \frac{1}{\sqrt{2}} & -\frac{1}{\sqrt{3}} \\ \frac{1}{\sqrt{6}} & \frac{1}{\sqrt{2}} & \frac{1}{\sqrt{3}} \\ \frac{2}{\sqrt{6}} & 0 & \frac{1}{\sqrt{3}} \end{pmatrix}$ とすると，

$$P^{-1}AP={}^{t}PAP=\begin{pmatrix} \square & 0 & 0 \\ 0 & \square & 0 \\ 0 & 0 & \square \end{pmatrix}.$$

② グラム・シュミットの直交化を用いて $\boldsymbol{R}^3$ の基底 $\boldsymbol{a}_1=\begin{pmatrix} 1 \\ 1 \\ 1 \end{pmatrix}$，$\boldsymbol{a}_2=\begin{pmatrix} 1 \\ 1 \\ -1 \end{pmatrix}$，$\boldsymbol{a}_3=\begin{pmatrix} 0 \\ 2 \\ -1 \end{pmatrix}$ から正規直交基底を作りましょう．

$$\boldsymbol{b}_1=\frac{\boldsymbol{a}_1}{\|\boldsymbol{a}_1\|}=\frac{1}{\square}\begin{pmatrix}\square\end{pmatrix}.$$

$$\boldsymbol{b}'_2=\begin{pmatrix}\square\end{pmatrix}-\begin{pmatrix}1\\1\\-1\end{pmatrix}\cdot\begin{pmatrix}\square\end{pmatrix}\cdot\begin{pmatrix}\square\end{pmatrix}=\frac{2}{3}\begin{pmatrix}\square\end{pmatrix}$$

$$\boldsymbol{b}_2=\frac{\boldsymbol{b}'_2}{\|\boldsymbol{b}'_2\|}=\frac{1}{\square}\begin{pmatrix}\square\end{pmatrix}.$$

$$\boldsymbol{b}'_3=\begin{pmatrix}0\\2\\-1\end{pmatrix}-\begin{pmatrix}0\\2\\-1\end{pmatrix}\cdot\begin{pmatrix}\square\end{pmatrix}\begin{pmatrix}\square\end{pmatrix}-\begin{pmatrix}0\\2\\-1\end{pmatrix}\cdot\begin{pmatrix}\square\end{pmatrix}\begin{pmatrix}\square\end{pmatrix}$$

$$=\begin{pmatrix}0\\2\\-1\end{pmatrix}-\frac{1}{3}\begin{pmatrix}\square\end{pmatrix}-\frac{4}{6}\begin{pmatrix}\square\end{pmatrix}=\begin{pmatrix}\square\end{pmatrix}$$

$$\boldsymbol{b}_3=\frac{\boldsymbol{b}'_3}{\|\boldsymbol{b}'_3\|}=\frac{1}{\square}\begin{pmatrix}\square\end{pmatrix}.$$

よって求める答えは

$$\frac{1}{\square}\begin{pmatrix}\square\end{pmatrix},\ \frac{1}{\square}\begin{pmatrix}\square\end{pmatrix},\ \frac{1}{\square}\begin{pmatrix}\square\end{pmatrix}.$$

練習問題

① 以下の実対称行列についての固有値，固有ベクトルを求め直交行列で対角化せよ．

(1) $A=\begin{pmatrix}7 & 4\\ 4 & 1\end{pmatrix}$　(2) $A=\begin{pmatrix}2 & -2 & -1\\ -2 & 1 & 2\\ -1 & 2 & 2\end{pmatrix}$　(3) $A=\begin{pmatrix}4 & -3 & -3\\ -3 & -4 & 5\\ -3 & 5 & -4\end{pmatrix}$

(4) $A=\begin{pmatrix}1 & 4 & 2\\ 4 & 1 & -2\\ 2 & -2 & 4\end{pmatrix}$

② 次のベクトルをグラム・シュミットの方法で正規直交化せよ．

(1) $\begin{pmatrix}1\\1\end{pmatrix},\ \begin{pmatrix}1\\0\end{pmatrix}$　(2) $\begin{pmatrix}2\\1\\0\end{pmatrix},\ \begin{pmatrix}-1\\0\\1\end{pmatrix}$　(3) $\begin{pmatrix}1\\0\\1\end{pmatrix},\ \begin{pmatrix}1\\1\\1\end{pmatrix},\ \begin{pmatrix}1\\3\\0\end{pmatrix}$

(4) $\begin{pmatrix}0\\1\\1\\0\end{pmatrix},\ \begin{pmatrix}1\\0\\0\\1\end{pmatrix},\ \begin{pmatrix}0\\1\\0\\1\end{pmatrix},\ \begin{pmatrix}0\\0\\1\\1\end{pmatrix},$

答 え

やってみましょうの答え

①

(1) $f_A(x)=|xE-A|=\begin{vmatrix}\boxed{x+1} & 0 & -2\\ 0 & \boxed{x+1} & -2\\ -2 & -2 & \boxed{x+3}\end{vmatrix}=(\boxed{x+1})(\boxed{x+5})(\boxed{x-1}).$

よって固有値は $\boxed{-5}$, $\boxed{-1}$, $\boxed{1}$.

固有値 -5 のとき，固有ベクトルを正規化して $\dfrac{1}{\boxed{\sqrt{6}}}\begin{pmatrix}\boxed{\begin{matrix}1\\1\\-2\end{matrix}}\end{pmatrix}.$

固有値 -1 のとき，$\dfrac{1}{\boxed{\sqrt{2}}}\left(\boxed{\begin{matrix}-1\\1\\0\end{matrix}}\right)$． 固有値 $\boxed{1}$ のとき，$\dfrac{1}{\boxed{\sqrt{3}}}\left(\boxed{\begin{matrix}1\\1\\1\end{matrix}}\right)$．

$P=\begin{pmatrix}\frac{1}{\sqrt{6}} & -\frac{1}{\sqrt{2}} & \frac{1}{\sqrt{3}}\\ \frac{1}{\sqrt{6}} & \frac{1}{\sqrt{2}} & \frac{1}{\sqrt{3}}\\ -\frac{2}{\sqrt{6}} & 0 & \frac{1}{\sqrt{3}}\end{pmatrix}$ ととると，$P^{-1}AP={}^tPAP=\begin{pmatrix}\boxed{-5} & 0 & 0\\ 0 & \boxed{-1} & 0\\ 0 & 0 & \boxed{1}\end{pmatrix}$．

(2) $f_A(x)=|xE-A|=\begin{vmatrix}\boxed{x+1} & 1 & -2\\ 1 & \boxed{x+1} & 2\\ -2 & 2 & \boxed{x-2}\end{vmatrix}=(x+\boxed{2})^2(x-\boxed{4})$．

固有値 4 のとき，固有ベクトルを正規化し $\dfrac{1}{\boxed{\sqrt{6}}}\begin{pmatrix}-1\\1\\-2\end{pmatrix}$

固有値 -2 のとき，$-2E-A=\begin{pmatrix}\boxed{-1} & 1 & -2\\ 1 & \boxed{-1} & 2\\ -2 & 2 & \boxed{-4}\end{pmatrix}$，$\begin{pmatrix}\boxed{-1} & 1 & -2\\ 1 & \boxed{-1} & 2\\ -2 & 2 & \boxed{-4}\end{pmatrix}\begin{pmatrix}x\\y\\z\end{pmatrix}=\begin{pmatrix}0\\0\\0\end{pmatrix}$．

$y=\alpha$，$z=\beta$ (任意定数) として $x=\alpha-2\beta$． $\begin{pmatrix}x\\y\\z\end{pmatrix}=\begin{pmatrix}\alpha-2\beta\\ \alpha\\ \beta\end{pmatrix}=\alpha\left(\boxed{\begin{matrix}1\\1\\0\end{matrix}}\right)+\beta\left(\boxed{\begin{matrix}-2\\0\\1\end{matrix}}\right)$．

$\dfrac{1}{\boxed{\sqrt{2}}}\left(\boxed{\begin{matrix}1\\1\\0\end{matrix}}\right)$，$\dfrac{1}{\boxed{\sqrt{3}}}\left(\boxed{\begin{matrix}-1\\1\\1\end{matrix}}\right)$．

よって $P=\begin{pmatrix}-\frac{1}{\sqrt{6}} & \frac{1}{\sqrt{2}} & -\frac{1}{\sqrt{3}}\\ \frac{1}{\sqrt{6}} & \frac{1}{\sqrt{2}} & \frac{1}{\sqrt{3}}\\ -\frac{2}{\sqrt{6}} & 0 & \frac{1}{\sqrt{3}}\end{pmatrix}$ とすると，$P^{-1}AP={}^tPAP=\begin{pmatrix}\boxed{4} & 0 & 0\\ 0 & \boxed{-2} & 0\\ 0 & 0 & \boxed{-2}\end{pmatrix}$．

② $\boldsymbol{b}_1=\dfrac{\boldsymbol{a}_1}{\|\boldsymbol{a}_1\|}=\dfrac{1}{\boxed{\sqrt{3}}}\left(\boxed{\begin{matrix}1\\1\\1\end{matrix}}\right)$．

$$\boldsymbol{b}_2'=\begin{pmatrix}\boxed{1}\\\boxed{1}\\\boxed{-1}\end{pmatrix}-\left(\begin{pmatrix}1\\1\\-1\end{pmatrix}\cdot\begin{pmatrix}\boxed{\begin{matrix}\frac{1}{\sqrt{3}}\\\frac{1}{\sqrt{3}}\\\frac{1}{\sqrt{3}}\end{matrix}}\end{pmatrix}\right)\begin{pmatrix}\boxed{\begin{matrix}\frac{1}{\sqrt{3}}\\\frac{1}{\sqrt{3}}\\\frac{1}{\sqrt{3}}\end{matrix}}\end{pmatrix}=\frac{2}{3}\begin{pmatrix}\boxed{\begin{matrix}1\\1\\-2\end{matrix}}\end{pmatrix}.\quad \boldsymbol{b}_2=\frac{\boldsymbol{b}_2'}{\|\boldsymbol{b}_2'\|}=\frac{1}{\boxed{\sqrt{6}}}\begin{pmatrix}\boxed{\begin{matrix}1\\1\\-2\end{matrix}}\end{pmatrix}$$

$$\boldsymbol{b}_3'=\begin{pmatrix}0\\2\\-1\end{pmatrix}-\left(\begin{pmatrix}0\\2\\-1\end{pmatrix}\cdot\begin{pmatrix}\boxed{\begin{matrix}\frac{1}{\sqrt{3}}\\\frac{1}{\sqrt{3}}\\\frac{1}{\sqrt{3}}\end{matrix}}\end{pmatrix}\right)\begin{pmatrix}\boxed{\begin{matrix}\frac{1}{\sqrt{3}}\\\frac{1}{\sqrt{3}}\\\frac{1}{\sqrt{3}}\end{matrix}}\end{pmatrix}-\left(\begin{pmatrix}0\\2\\-1\end{pmatrix}\cdot\begin{pmatrix}\boxed{\begin{matrix}\frac{1}{\sqrt{6}}\\\frac{1}{\sqrt{6}}\\-\frac{2}{\sqrt{6}}\end{matrix}}\end{pmatrix}\right)\begin{pmatrix}\boxed{\begin{matrix}\frac{1}{\sqrt{6}}\\\frac{1}{\sqrt{6}}\\-\frac{2}{\sqrt{6}}\end{matrix}}\end{pmatrix}$$

$$=\begin{pmatrix}0\\2\\-1\end{pmatrix}-\frac{1}{3}\begin{pmatrix}\boxed{\begin{matrix}1\\1\\1\end{matrix}}\end{pmatrix}-\frac{4}{6}\begin{pmatrix}\boxed{\begin{matrix}1\\1\\-2\end{matrix}}\end{pmatrix}=\begin{pmatrix}\boxed{\begin{matrix}-1\\1\\0\end{matrix}}\end{pmatrix}.\quad \therefore \boldsymbol{b}_3=\frac{\boldsymbol{b}_3'}{\|\boldsymbol{b}_3'\|}=\frac{1}{\boxed{\sqrt{2}}}\begin{pmatrix}\boxed{\begin{matrix}-1\\1\\0\end{matrix}}\end{pmatrix}.$$

よって求める答えは $\frac{1}{\boxed{\sqrt{3}}}\begin{pmatrix}\boxed{\begin{matrix}1\\1\\1\end{matrix}}\end{pmatrix}$, $\frac{1}{\boxed{\sqrt{6}}}\begin{pmatrix}\boxed{\begin{matrix}1\\1\\-2\end{matrix}}\end{pmatrix}$, $\frac{1}{\boxed{\sqrt{2}}}\begin{pmatrix}\boxed{\begin{matrix}-1\\1\\0\end{matrix}}\end{pmatrix}$.

練習問題の答え

①

(1) 固有値 -1 に対する固有ベクトルは $\begin{pmatrix}1\\-2\end{pmatrix}$, 固有値 9 に対する固有ベクトルは $\begin{pmatrix}2\\1\end{pmatrix}$,

$P=\begin{pmatrix}\frac{1}{\sqrt{5}} & \frac{2}{\sqrt{5}}\\-\frac{2}{\sqrt{5}} & \frac{1}{\sqrt{5}}\end{pmatrix}$ ととると ${}^tPAP=\begin{pmatrix}-1 & 0\\0 & 9\end{pmatrix}$,

(2) 固有値 -1 に対する固有ベクトルは $\begin{pmatrix}1\\2\\-1\end{pmatrix}$, 固有値 1 に対する固有ベクトルは $\begin{pmatrix}1\\0\\1\end{pmatrix}$,

固有値 5 に対する固有ベクトルは $\begin{pmatrix}1\\-1\\-1\end{pmatrix}$

$P=\begin{pmatrix}\frac{1}{\sqrt{6}} & \frac{1}{\sqrt{2}} & \frac{1}{\sqrt{3}}\\\frac{2}{\sqrt{6}} & 0 & -\frac{1}{\sqrt{3}}\\-\frac{1}{\sqrt{6}} & \frac{1}{\sqrt{2}} & -\frac{1}{\sqrt{3}}\end{pmatrix}$ ととると ${}^tPAP=\begin{pmatrix}-1 & 0 & 0\\0 & 1 & 0\\0 & 0 & 5\end{pmatrix}$.

(3) 固有値 -2 に対する固有ベクトルは $\begin{pmatrix}1\\1\\1\end{pmatrix}$, 固有値 -9 に対する固有ベクトルは $\begin{pmatrix}0\\-1\\1\end{pmatrix}$,

固有値 7 に対する固有ベクトルは $\begin{pmatrix} 2 \\ -1 \\ -1 \end{pmatrix}$,

$$P=\begin{pmatrix} \frac{1}{\sqrt{3}} & 0 & \frac{2}{\sqrt{6}} \\ \frac{1}{\sqrt{3}} & -\frac{1}{\sqrt{2}} & -\frac{1}{\sqrt{6}} \\ \frac{1}{\sqrt{3}} & \frac{1}{\sqrt{2}} & -\frac{1}{\sqrt{6}} \end{pmatrix} \text{ととると} \quad {}^tPAP=\begin{pmatrix} -2 & 0 & 0 \\ 0 & -9 & 0 \\ 0 & 0 & 7 \end{pmatrix}.$$

(4) 固有値 -4 に対する固有ベクトルは $\begin{pmatrix} -2 \\ 2 \\ 1 \end{pmatrix}$, 固有値 5 に対する固有ベクトルは $\begin{pmatrix} 2 \\ 1 \\ 2 \end{pmatrix}$ と $\begin{pmatrix} 1 \\ 1 \\ 0 \end{pmatrix}$.

$\begin{pmatrix} 2 \\ 1 \\ 2 \end{pmatrix}$ と $\begin{pmatrix} 1 \\ 1 \\ 0 \end{pmatrix}$ にグラム・シュミットの直交化法を用いて正規直交系にすると, $\begin{pmatrix} \frac{2}{3} \\ \frac{1}{3} \\ \frac{2}{3} \end{pmatrix}$ と $\begin{pmatrix} \frac{1}{3} \\ \frac{2}{3} \\ -\frac{2}{3} \end{pmatrix}$.

よって, $P=\begin{pmatrix} \frac{2}{3} & \frac{1}{3} & -\frac{2}{3} \\ \frac{1}{3} & \frac{2}{3} & \frac{2}{3} \\ \frac{2}{3} & -\frac{2}{3} & \frac{1}{3} \end{pmatrix}$ ととると ${}^tPAP=\begin{pmatrix} 5 & 0 & 0 \\ 0 & 5 & 0 \\ 0 & 0 & -4 \end{pmatrix}$

② (1) $\begin{pmatrix} \frac{1}{\sqrt{2}} \\ \frac{1}{\sqrt{2}} \end{pmatrix}$, $\begin{pmatrix} \frac{1}{\sqrt{2}} \\ -\frac{1}{\sqrt{2}} \end{pmatrix}$ (2) $\frac{1}{\sqrt{5}}\begin{pmatrix} 2 \\ 1 \\ 0 \end{pmatrix}$, $\frac{1}{\sqrt{30}}\begin{pmatrix} -1 \\ 2 \\ 5 \end{pmatrix}$ (3) $\frac{1}{\sqrt{2}}\begin{pmatrix} 1 \\ 0 \\ 1 \end{pmatrix}$, $\begin{pmatrix} 0 \\ 1 \\ 0 \end{pmatrix}$, $\frac{1}{\sqrt{2}}\begin{pmatrix} 1 \\ 0 \\ -1 \end{pmatrix}$

(4) $\frac{1}{\sqrt{2}}\begin{pmatrix} 0 \\ 1 \\ 1 \\ 0 \end{pmatrix}$, $\frac{1}{\sqrt{2}}\begin{pmatrix} 1 \\ 0 \\ 0 \\ 1 \end{pmatrix}$, $\frac{1}{2}\begin{pmatrix} -1 \\ 1 \\ -1 \\ 1 \end{pmatrix}$, $\frac{1}{2}\begin{pmatrix} -1 \\ -1 \\ 1 \\ 1 \end{pmatrix}$,

15 行列と固有値3(スペクトル分解)

ここでは行列のスペクトル分解とその応用について述べます．これをやっておくと対角化できない場合でも A^n が計算できますし，理論的にも大事です．

定義と公式

ケーリー・ハミルトンの定理

$$A=\begin{pmatrix} a & b \\ c & d \end{pmatrix}$$

とし固有値を α，β とします．その固有多項式は

$$f_A(x)=|xE-A|=\begin{vmatrix} x-a & -b \\ -c & x-d \end{vmatrix}=x^2-(a+d)x+ad-bc$$

です．

すると $f_A(A)=0$ つまり

$$A^2-(a+d)A+(ad-bc)E=O$$

が成立します（多項式の 1 のところには E（単位行列）を代入します）．

(証明)

$A^2-(a+d)A+(ad-bc)E$

$$=\begin{pmatrix} a & b \\ c & d \end{pmatrix}\begin{pmatrix} a & b \\ c & d \end{pmatrix}-(a+d)\begin{pmatrix} a & b \\ c & d \end{pmatrix}+\begin{pmatrix} ad-bc & 0 \\ 0 & ad-bc \end{pmatrix}$$

$$=\begin{pmatrix} a^2+bc-a(a+d)+(ad-bc) & ab+bd-b(a+d) \\ ac+cd-c(a+d) & bc+d^2-d(a+d)+(ad-bc) \end{pmatrix}=\begin{pmatrix} 0 & 0 \\ 0 & 0 \end{pmatrix}$$

すると $f_A(x)=(x-\alpha)(x-\beta)$ が成立するので，行列として

$$(A-\alpha E)(A-\beta E)=O$$

が成立します．

スペクトル分解

（ケース１） $\alpha \neq \beta$ の場合

$$E=P+Q,\ P^2=P,\ Q^2=Q,$$
$$PQ=QP=0,\ A=\alpha P+\beta Q$$

となる行列 P, Q をみつけることができます．この P, Q を行列 A の**スペクトル分解**といいます．

意味は後に説明することにして，もしできたとすると

$$A^2=(\alpha P+\beta Q)(\alpha P+\beta Q)=\alpha^2P^2+\alpha\beta QP+\alpha\beta PQ+\beta^2Q^2=\alpha^2P+\beta^2Q$$

が成立します．

同様に

$$A^n=\alpha^nP+\beta^nQ$$

となり，

$$f(A)=f(\alpha)P+f(\beta)Q$$

となるので

$f_1(\alpha)=1,\ f_1(\beta)=0$ となる多項式 f_1 を用いると $P=f_1(A)$
$f_2(\alpha)=0,\ f_2(\beta)=1$ となる多項式 f_2 を用いると $Q=f_2(A)$

となります．つまり

$$f_1(x)=\frac{x-\beta}{\alpha-\beta},\ f_2(x)=\frac{x-\alpha}{\beta-\alpha}$$

とすると，P，Q の候補として

$$P=\frac{A-\beta E}{\alpha-\beta},\ Q=\frac{A-\alpha E}{\beta-\alpha}$$

がとれます．この P，Q が上のスペクトル分解の性質をすべて満たすことを示せばいいことになります．実際に示しましょう．まず

$$P+Q=\frac{A-\beta E}{\alpha-\beta}-\frac{A-\alpha E}{\beta-\alpha}=\frac{\alpha-\beta}{\alpha-\beta}E=E$$

ケーリー・ハミルトンの定理より

$$PQ=-\frac{1}{(\beta-\alpha)^2}(A-\beta E)(A-\alpha E)=O$$

同様に，

$$QP=O$$

すると

$$P^2-P=P(P-E)=P(-Q)=O$$
$$Q^2-Q=Q(Q-E)=Q(-P)=O$$

また

$$A=AE=A(P+Q)=AP+AQ$$

ここで再びケーリー・ハミルトンの定理より

$$AP-\alpha P=(A-\alpha E)P=(A-\alpha E)\frac{A-\beta E}{\alpha-\beta}=O$$

となって，$AP=\alpha P$ です．

同様に $AQ=\beta Q$，つまり

$$A=AP+AQ=\alpha P+\beta Q$$

となり，P，Q はスペクトル分解の性質をすべて満たすことが示されました．

また P，Q の意味ですが，

$$\boldsymbol{x}=E\boldsymbol{x}=(P+Q)\boldsymbol{x}=P\boldsymbol{x}+Q\boldsymbol{x}$$

と任意のベクトル $\boldsymbol{x}$ が $P\boldsymbol{x}$，$Q\boldsymbol{x}$ に分解され，$A(P\boldsymbol{x})=\alpha(P\boldsymbol{x})$ より $P\boldsymbol{x}$ は固有値 α に対する固有ベクトル，$Q\boldsymbol{x}$ は固有値 β に対する固有ベクトルとなり，任意の $\boldsymbol{x}$ をそれぞれの固有ベクトルの和にします．つまり P，Q はそれぞれ固有空間の射影を表すものとなるのです．

> Aが 2×2 行列と仮定しましたが，上の計算の途中では $(A-\alpha E)(A-\beta E)$ の性質しか使っていないので，$n\times n$ 行列でも固有値が α，β の 2 個で $(A-\alpha E)(A-\beta E)=0$ が成立する場合にはまったく同様のことが成立します．

> $P=(\boldsymbol{a}_1,\ \boldsymbol{a}_2)$ とおくと，$AP=\alpha P$ より $A\boldsymbol{a}_1=\alpha\boldsymbol{a}_1$，$A\boldsymbol{a}_2=\alpha\boldsymbol{a}_2$ となり P の列ベクトルは $\boldsymbol{0}$ でなければ固有値 α に対する固有ベクトルになります．このやり方では固有値を求めるのに連立方程式を解く必要がありません．

> スペクトル分解ができることと対角化可能であることは同じです．
> 実際 P の列ベクトル，Q の列ベクトルからそれぞれ固有ベクトル $\boldsymbol{a}$，$\boldsymbol{b}$ がとれるので $A(\boldsymbol{a},\ \boldsymbol{b})=(\boldsymbol{a},\ \boldsymbol{b})\begin{pmatrix}\alpha & 0\\ 0 & \beta\end{pmatrix}$ となるからです．

行列の指数関数

行列の指数関数を

$$\mathrm{e}^{tA}=\sum_{n=0}^{\infty}\frac{(tA)^n}{n!}$$

と定義します．

すると，

$$\frac{\mathrm{d}}{\mathrm{d}t}\mathrm{e}^{tA}=\sum_{n=0}^{\infty}\frac{nt^{n-1}A^n}{n!}=\sum_{n=1}^{\infty}\frac{t^{n-1}A^n}{(n-1)!}=A\sum_{l=0}^{\infty}\frac{(tA)^l}{l!}=A\mathrm{e}^{tA}=\mathrm{e}^{tA}A$$

となります．連立常微分方程式

$$\frac{\mathrm{d}x}{\mathrm{d}t}=ax+by,\quad x(0)=u$$

$$\frac{\mathrm{d}y}{\mathrm{d}t}=cx+dy,\quad y(0)=v$$

は $\boldsymbol{x}(t)=\begin{pmatrix} x(t) \\ y(t) \end{pmatrix}$ $A=\begin{pmatrix} a & b \\ c & d \end{pmatrix}$ とおくと

$$\frac{\mathrm{d}\boldsymbol{x}(t)}{\mathrm{d}t}=A\boldsymbol{x}(t)$$

となるので

$$\boldsymbol{x}(t)=\mathrm{e}^{tA}\boldsymbol{x}(0)=\mathrm{e}^{tA}\begin{pmatrix} u \\ v \end{pmatrix}$$

となり，e^{tA} が計算できればよいことになります．
つまり行列の指数関数を用いて，連立常微分方程式が解けるのです．また実際の計算はスペクトル分解

$$A=\alpha P+\beta Q,\quad f(A)=f(\alpha)P+f(\beta)Q$$

を用いて

$$\mathrm{e}^{tA}=\sum_{n=0}^{\infty}\frac{t^n}{n!}A^n=\sum_{n=0}^{\infty}\frac{t^n}{n!}(\alpha^nP+\beta^nQ)=\left(\sum_{n=0}^{\infty}\frac{(\alpha t)^n}{n!}\right)P+\left(\sum_{n=0}^{\infty}\frac{(\beta t)^n}{n!}\right)Q=\mathrm{e}^{\alpha t}P+\mathrm{e}^{\beta t}Q$$

と計算します．
また連立漸化式

$$a_{n+1}=aa_n+bb_n$$

$$b_{n+1}=ca_n+db_n$$

$$a_0=u,\quad b_0=v$$

は

$$\begin{pmatrix} a_{n+1} \\ b_{n+1} \end{pmatrix} = A\begin{pmatrix} a_n \\ b_n \end{pmatrix}, \quad A = \begin{pmatrix} a & b \\ c & d \end{pmatrix}$$

となるので，

$$\begin{pmatrix} a_n \\ b_n \end{pmatrix} = A^n\begin{pmatrix} u \\ v \end{pmatrix}$$

となります．

（ケース２）α が重解で，対角化不能の場合を考えます，A が 2×2 では相異なる２つの固有値が存在すれば必ず対角化可能になってしまうので，固有値は α だけということになります．するとケーリー・ハミルトンの定理より

$$(A-\alpha E)^2 = 0$$

となり，A は対角化不能なので

$$A-\alpha E \neq 0$$

となるはずです．すると，この場合にはスペクトル分解できません（一般化されたスペクトル分解というものは存在して，本書の程度を越えますが後で少しだけふれます）．

しかし A^n，e^{tA} は次のようにして計算できます．

$$\begin{aligned} A^n &= (\alpha E + (A-\alpha E))^n \quad (\text{２項展開}) \\ &= (\alpha E)^n + \binom{n}{1}(\alpha E)^{n-1}(A-\alpha E) + \binom{n}{2}(\alpha E)^{n-2}(A-\alpha E)^2 + \cdots\cdots \\ &= \alpha^n E + n\alpha^{n-1}(A-\alpha E) \quad ((A-\alpha E)^2 = 0 \text{ より}) \end{aligned}$$

また

$$\begin{aligned} e^{tA} &= \sum_{n=0}^{\infty} \frac{t^n A^n}{n!} \\ &= \sum_{n=0}^{\infty} \frac{t^n}{n!}(\alpha^n E + n\alpha^{n-1}(A-\alpha E)) \\ &= \left(\sum_{n=0}^{\infty} \frac{(\alpha t)^n}{n!}\right)E + t\left(\sum_{n=1}^{\infty} \frac{(\alpha t)^{n-1}}{(n-1)!}\right)(A-\alpha E) = e^{\alpha t}E + te^{\alpha t}(A-\alpha E) \end{aligned}$$

となります．

$$\begin{aligned} e^{tA} &= e^{\alpha t}e^{t(A-\alpha E)} \\ &= e^{\alpha t}\left(E + t(A-\alpha E) + \frac{t^2}{2!}(A-\alpha E)^2\right) = e^{\alpha t}(E + t(A-\alpha E)) \end{aligned}$$

でもよいのです．

さらに A が 3×3 の場合に進みます．

(ケース１) 相異なる固有値 α, β, γ ($\alpha \neq \beta \neq \gamma$) をもつ場合には，ケーリー・ハミルトンの定理

$$(A-\alpha E)(A-\beta E)(A-\gamma E)=O$$

が成立することに注意すると，次のスペクトル分解をみつけることができます．

$$E=P+Q+R,$$
$$P^2=P,\ Q^2=Q,\ R^2=R,$$
$$PQ=QP=QR=RQ=PR=RP=0,$$
$$A=\alpha P+\beta Q+\gamma R$$

前と同様にして

$$P=f_1(A)=\frac{(A-\beta E)(A-\gamma E)}{(\alpha-\beta)(\alpha-\gamma)},\quad Q=f_2(A)=\frac{(A-\alpha E)(A-\gamma E)}{(\beta-\alpha)(\beta-\gamma)},$$

$$R=f_3(A)=\frac{(A-\alpha E)(A-\beta E)}{(\gamma-\alpha)(\gamma-\beta)}$$

とおくと，これが上のスペクトル分解の性質を満たすことを示され，

$$A^n=\alpha^n P+\beta^n Q+\gamma^n R$$
$$e^{tA}=e^{\alpha t}P+e^{\beta t}Q+e^{\gamma t}R$$

となります．
(ケース２) 固有値が３重解 α の場合
ケーリー・ハミルトンの定理より

$$(A-\alpha E)^3=O$$

となります．このとき対角化可能になるケースは $A-\alpha E=O$ のときのみです．このときはもともと対角行列です．

前と同様にすると，一般に

$$f(A)=f(\alpha)E+f'(\alpha)(A-\alpha E)+\frac{f''(\alpha)}{2}(A-\alpha E)^2$$

となるので

$$A^n=(\alpha E+A-\alpha E)^n$$
$$=(\alpha E)^n+\binom{n}{1}(\alpha E)^{n-1}(A-\alpha E)+\binom{n}{2}(\alpha E)^{n-2}(A-\alpha E)^2$$

$$e^{tA}=e^{\alpha t}E+te^{\alpha t}(A-\alpha E)+\frac{t^2e^{\alpha t}}{2}(A-\alpha E)^2$$

となります．

（ケース 3）α（2 重解）β の場合．すなわち，固有値が 2 重解をもつ場合を最後に調べます．$(A-\alpha E)^2(A-\beta E)=O$ のとき，

$$\frac{1}{(x-\alpha)^2(x-\beta)}=\frac{ax+b}{(x-\alpha)^2}+\frac{c}{x-\beta}$$

となるような定数 a，b，c を求めると

$$1=(ax+b)(x-\beta)+c(x-\alpha)^2$$

となります．つまり，

$$E=(aA+bE)(A-\beta E)+c(A-\alpha E)^2=P+Q$$

とおくと，ケーリー・ハミルトンの定理より $PQ=QP=O$ となり，

$$P-P^2=P(E-P)=PQ=O$$
$$Q-Q^2=Q(E-Q)=QP=O$$

また，ケーリー・ハミルトンの定理より $(A-\alpha E)^2P=O$，$(A-\beta E)Q=O$ となることに注意します．f を任意の関数とすると，

$$f(A)=f(A)E=f(A)(P+Q)=f(A)P+f(A)Q$$

ここで，$f(x)$ を α でテイラー展開すると，

$$f(x)=f(\alpha)+f'(\alpha)(x-\alpha)+\frac{1}{2}f''(\alpha)(x-\alpha)^2+\cdots$$

$f(x)$ を β でテイラー展開すると，

$$f(x)=f(\beta)+f'(\beta)(x-\beta)+\frac{1}{2}f''(\beta)(x-\beta)^2+\cdots$$

なので，

$$\begin{aligned}f(A)P&=(f(\alpha)E+f(\alpha)(A-\alpha E)+\frac{1}{2}f''(\alpha)(A-\alpha E)^2+\cdots)P\\&=f(\alpha)P+f'(\alpha)(A-\alpha E)P\end{aligned}$$

$$\begin{aligned}f(A)Q&=(f(\beta)E+f(\beta)(A-\beta E)+\frac{1}{2}f''(\beta)(A-\beta E)^2+\cdots)Q\\&=f(\beta)Q\end{aligned}$$

となります．つまり，$f(A)=f(\alpha)P+f'(\alpha)(A-\alpha E)P+f(\beta)Q$ となります．
特に，

$$A^n=\alpha^n P+n\alpha^{n-1}(A-\alpha E)P+\beta^n Q$$
$$e^{tA}=e^{\alpha t}P+te^{\alpha t}(A-\alpha E)P+e^{\beta t}Q$$

> $N=(A-\alpha E)P$ とおくと，$N^2=O$，$NP=PN=P$ がすぐにわかります．N はベキ零部分と呼ばれます．

公式の使い方（例）

①

$A=\begin{pmatrix}1 & -2\\ 2 & 6\end{pmatrix}$ のスペクトル分解を求め A^n，e^{tA} を求めましょう．

また

$$a_{n+1}=a_n-2b_n$$
$$b_{n+1}=2a_n+6b_n$$
$$\begin{pmatrix}a_0\\ b_0\end{pmatrix}=\begin{pmatrix}1\\ 2\end{pmatrix}$$

を解きましょう．

固有多項式

$$f_A(x)=|xE-A|=(x-2)(x-5)$$

より

$$\alpha=2,\ \beta=5$$

となり，すると

$$P=\frac{A-5E}{2-5}=-\frac{1}{3}\begin{pmatrix}-4 & -2\\ 2 & 1\end{pmatrix},\quad Q=\frac{A-2E}{5-2}=\frac{1}{3}\begin{pmatrix}-1 & -2\\ 2 & 4\end{pmatrix}$$

となります．よって

$$A=2P+5Q$$

$$A^n=2^nP+5^nQ=2^n\left(-\frac{1}{3}\right)\begin{pmatrix}-4 & -2\\ 2 & 1\end{pmatrix}+5^n\left(\frac{1}{3}\right)\begin{pmatrix}-1 & -2\\ 2 & 4\end{pmatrix}$$

$$e^{tA}=e^{2t}\left(-\frac{1}{3}\right)\begin{pmatrix}-4 & -2\\ 2 & 1\end{pmatrix}+e^{5t}\left(\frac{1}{3}\right)\begin{pmatrix}-1 & -2\\ 2 & 4\end{pmatrix}$$

$$\begin{pmatrix} a_n \\ b_n \end{pmatrix} = 2^n\left(-\frac{1}{3}\right)\begin{pmatrix} -4 & -2 \\ 2 & 1 \end{pmatrix}\begin{pmatrix} 1 \\ 2 \end{pmatrix} + 5^n\left(\frac{1}{3}\right)\begin{pmatrix} -1 & -2 \\ 2 & 4 \end{pmatrix}\begin{pmatrix} 1 \\ 2 \end{pmatrix}$$

もちろん第13章「公式の使い方(例)」①(1)で求めた結果と一致します．また P，Q の列ベクトルを見て固有ベクトルが

$\begin{pmatrix} -2 \\ 1 \end{pmatrix}$，$\begin{pmatrix} -1 \\ 2 \end{pmatrix}$ であることもすぐにわかります．

②

$A=\begin{pmatrix} 6 & -2 & -4 \\ -1 & 4 & 1 \\ 3 & -2 & -1 \end{pmatrix}$ のスペクトル分解を求め，

A^n，e^{tA} を求めましょう．

そして

$$\frac{dx(t)}{dt} = 6x(t) - 2y(t) - 4z(t)$$

$$\frac{dy(t)}{dt} = -x(t) + 4y(t) + z(t)$$

$$\frac{dz(t)}{dt} = 3x(t) - 2y(t) - z(t)$$

$$\begin{pmatrix} x(0) \\ y(0) \\ z(0) \end{pmatrix} = \begin{pmatrix} 1 \\ -1 \\ -1 \end{pmatrix}$$

を解きましょう．

固有多項式は前に求めたように

$$f_A(x) = (x-2)(x-3)(x-4)$$

ですから

$$\alpha=2,\ \beta=3,\ \gamma=4$$

ここで

$$A-2E = \begin{pmatrix} 4 & -2 & -4 \\ -1 & 2 & 1 \\ 3 & -2 & -3 \end{pmatrix},\quad A-3E = \begin{pmatrix} 3 & -2 & -4 \\ -1 & 1 & 1 \\ 3 & -2 & -4 \end{pmatrix},$$

$$A-4E = \begin{pmatrix} 2 & -2 & -4 \\ -1 & 0 & 1 \\ 3 & -2 & -5 \end{pmatrix}$$

$$P = \frac{(A-3E)(A-4E)}{(2-3)(2-4)} = \begin{pmatrix} -2 & 1 & 3 \\ 0 & 0 & 0 \\ -2 & 1 & 3 \end{pmatrix},\quad Q = \frac{(A-2E)(A-4E)}{(3-2)(3-4)} = \begin{pmatrix} 2 & 0 & -2 \\ 1 & 0 & -1 \\ 1 & 0 & -1 \end{pmatrix}$$

$$R=\frac{(A-2E)(A-3E)}{(4-2)(4-3)}=\begin{pmatrix} 1 & -1 & -1 \\ -1 & 1 & 1 \\ 1 & -1 & -1 \end{pmatrix}$$

つまり

$$A=2\begin{pmatrix} -2 & 1 & 3 \\ 0 & 0 & 0 \\ -2 & 1 & 3 \end{pmatrix}+3\begin{pmatrix} 2 & 0 & -2 \\ 1 & 0 & -1 \\ 1 & 0 & -1 \end{pmatrix}+4\begin{pmatrix} 1 & -1 & -1 \\ -1 & 1 & 1 \\ 1 & -1 & -1 \end{pmatrix}$$

となり

$$A^n=2^n\begin{pmatrix} -2 & 1 & 3 \\ 0 & 0 & 0 \\ -2 & 1 & 3 \end{pmatrix}+3^n\begin{pmatrix} 2 & 0 & -2 \\ 1 & 0 & -1 \\ 1 & 0 & -1 \end{pmatrix}+4^n\begin{pmatrix} 1 & -1 & -1 \\ -1 & 1 & 1 \\ 1 & -1 & -1 \end{pmatrix}$$

$$\mathrm{e}^{tA}=\mathrm{e}^{2t}\begin{pmatrix} -2 & 1 & 3 \\ 0 & 0 & 0 \\ -2 & 1 & 3 \end{pmatrix}+\mathrm{e}^{3t}\begin{pmatrix} 2 & 0 & -2 \\ 1 & 0 & -1 \\ 1 & 0 & -1 \end{pmatrix}+\mathrm{e}^{4t}\begin{pmatrix} 1 & -1 & -1 \\ -1 & 1 & 1 \\ 1 & -1 & -1 \end{pmatrix}$$

$$\begin{pmatrix} x(t) \\ y(t) \\ z(t) \end{pmatrix}=\mathrm{e}^{2t}\begin{pmatrix} -2 & 1 & 3 \\ 0 & 0 & 0 \\ -2 & 1 & 3 \end{pmatrix}\begin{pmatrix} 1 \\ -1 \\ 1 \end{pmatrix}+\mathrm{e}^{3t}\begin{pmatrix} 2 & 0 & -2 \\ 1 & 0 & -1 \\ 1 & 0 & -1 \end{pmatrix}\begin{pmatrix} 1 \\ -1 \\ 1 \end{pmatrix}$$
$$+\mathrm{e}^{4t}\begin{pmatrix} 1 & -1 & -1 \\ -1 & 1 & 1 \\ 1 & -1 & -1 \end{pmatrix}\begin{pmatrix} 1 \\ -1 \\ 1 \end{pmatrix}$$

やってみましょう

① $A=\begin{pmatrix} 2 & 1 \\ 3 & 0 \end{pmatrix}$ のスペクトル分解と A^n, e^{tA} を求めましょう．そして

$$\frac{\mathrm{d}x(t)}{\mathrm{d}t}=2x(t)+y(t),\quad \frac{\mathrm{d}y(t)}{\mathrm{d}t}=3x(t)$$

$$\begin{pmatrix} x(0) \\ y(0) \end{pmatrix}=\begin{pmatrix} 2 \\ 1 \end{pmatrix}$$

を解きましょう．

固有多項式は前に計算したように，

$$f_A(x)=(x+1)(x-3)$$

ですから，

$$\alpha=-\square,\quad \beta=\square$$

$$P=\frac{A-\square E}{-\square-\square}=-\frac{1}{\square}\begin{pmatrix}\square & 1\\ 3 & \square\end{pmatrix}$$

$$Q=\frac{A+E}{\square\ \square}=\frac{1}{\square}\begin{pmatrix}\square & 1\\ 3 & \square\end{pmatrix}$$

よって

$$A=(-\square)P+\square Q$$

$$A^n=(-\square)^nP+\square^nQ$$

$$=(-1)^n\left(-\frac{1}{\square}\right)\begin{pmatrix}\square & 1\\ 3 & \square\end{pmatrix}+3^n\left(\frac{1}{\square}\right)\begin{pmatrix}\square & 1\\ 3 & \square\end{pmatrix}$$

$$\mathrm{e}^{\square}=\mathrm{e}^{\square}\left(-\frac{1}{\square}\right)\begin{pmatrix}\square & 1\\ 3 & \square\end{pmatrix}+\mathrm{e}^{\square}\left(\frac{1}{\square}\right)\begin{pmatrix}\square & 1\\ 3 & \square\end{pmatrix}$$

$$\begin{pmatrix}x(t)\\ y(t)\end{pmatrix}=\mathrm{e}^{\square}\left(-\frac{1}{\square}\right)\begin{pmatrix}\square & 1\\ 3 & \square\end{pmatrix}\begin{pmatrix}2\\ 1\end{pmatrix}+\mathrm{e}^{\square}\left(\frac{1}{\square}\right)\begin{pmatrix}\square & 1\\ 3 & \square\end{pmatrix}\begin{pmatrix}2\\ 1\end{pmatrix}$$

②

$A=\begin{pmatrix}0 & -1 & 1\\ 6 & -2 & 6\\ 4 & 1 & 3\end{pmatrix}$ のスペクトル分解を求め，A^n，e^{tA} を求めましょう．

また，

$$a_{n+1}=-b_n+c_n$$
$$b_{n+1}=6a_n-2b_n+6c_n$$
$$c_{n+1}=4a_n+b_n+3c_n$$

$$\begin{pmatrix} a_0 \\ b_0 \\ c_0 \end{pmatrix} = \begin{pmatrix} 1 \\ 1 \\ 2 \end{pmatrix}$$ を解いてみましょう.

固有多項式は前に求めたように

$$f_A(x) = (x+1)(x+2)(x-4)$$

ですから

$$\alpha = -\square, \quad \beta = -1, \quad \gamma = \square$$

となります. ここで

$$A+2E = \begin{pmatrix} \square & -1 & 1 \\ 6 & \square & 6 \\ 4 & 1 & \square \end{pmatrix}, \quad A+E = \begin{pmatrix} 1 & -1 & 1 \\ 6 & -1 & 6 \\ 4 & 1 & 1 \end{pmatrix}$$

$$A-4E = \begin{pmatrix} \square & -1 & 1 \\ 6 & \square & 6 \\ 4 & 1 & \square \end{pmatrix}$$

$$P = \frac{(A+E)(A-\square E)}{(-\square\ \square)(-\square - \square)} = \begin{pmatrix} \square & \square & \square \\ \square & \square & \square \\ \square & \square & \square \end{pmatrix}$$

$$Q = \frac{(A+\square E)(A-\square E)}{(-1+\square)(-1-\square)} = \begin{pmatrix} \square \end{pmatrix}$$

$$R = \frac{(A+E)(A+\square E)}{(\square+1)(\square+\square)} = \begin{pmatrix} \square \end{pmatrix}$$

つまり

$$A=(-\square)\begin{pmatrix}\square\end{pmatrix}+(-1)\begin{pmatrix}\square\end{pmatrix}+\square\begin{pmatrix}\square\end{pmatrix}$$

となり

$$A^n=(-\square)^n\begin{pmatrix}\square\end{pmatrix}+(-1)^n\begin{pmatrix}\square\end{pmatrix}+\square^n\begin{pmatrix}\square\end{pmatrix}$$

$$\mathrm{e}^{tA}=\mathrm{e}^{\square}\begin{pmatrix}\square\end{pmatrix}+\mathrm{e}^{-t}\begin{pmatrix}\square\end{pmatrix}+\mathrm{e}^{\square}\begin{pmatrix}\square\end{pmatrix}$$

$$\begin{pmatrix}a_n\\b_n\\c_n\end{pmatrix}=(-\square)^n\begin{pmatrix}\square\end{pmatrix}\begin{pmatrix}1\\1\\2\end{pmatrix}+(-1)^n\begin{pmatrix}\square\end{pmatrix}\begin{pmatrix}1\\1\\2\end{pmatrix}$$

$$+\square^n\begin{pmatrix}\square\end{pmatrix}\begin{pmatrix}1\\1\\2\end{pmatrix}$$

③ $A=\begin{pmatrix}4&1&0\\-1&2&0\\1&1&3\end{pmatrix}$ の A^n, e^{tA} を求めましょう.

$$f_A(x)=|xE-A|=\square$$

より固有値 $\square$ は3重解.

$$A^n=(\square)^n$$

$$=\square E+\square(A-3E)+\square\,\square(A-3E)^2$$

$$\mathrm{e}^{tA}=\mathrm{e}^{3t}E+t\mathrm{e}^{3t}(A-3E)+t^2\mathrm{e}^{3t}(A-3E)^2$$

練習問題

① (1) $A=\begin{pmatrix} 2 & 2 \\ 2 & -1 \end{pmatrix}$ のスペクトル分解，A^n，e^{tA} を求めよ．また，連立漸化式

$$a_{n+1}=2a_n+2b_n,\quad b_{n+1}=2a_n-b_n$$
$$a_0=1,\quad b_0=2$$

連立常微分方程式

$$\frac{dx}{dt}=2x+2y,\quad x(0)=1$$
$$\frac{dy}{dt}=2x-y,\quad y(0)=2$$

をそれぞれ解いてみよう．

(2) $A=\begin{pmatrix} 2 & 1 & -1 \\ -1 & 4 & 1 \\ -2 & 2 & 3 \end{pmatrix}$ のスペクトル分解，A^n，e^{tA} を求めよ．また，連立漸化式

$$a_{n+1}=2a_n+b_n-c_n,\quad b_{n+1}=-a_n+4b_n+c_n,\quad c_{n+1}=-2a_n+2b_n+3c_n$$
$$a_0=1,\quad b_0=2,\quad c_0=5$$

連立常微分方程式

$$\frac{dx}{dt}=2x+y-z,\quad x(0)=1$$
$$\frac{dy}{dt}=-x+4y+z,\quad y(0)=2$$
$$\frac{dz}{dt}=-2x+2y+3z,\quad z(0)=5$$

をそれぞれ解いてみよう．

(3) $A=\begin{pmatrix} 4 & -1 & -1 \\ -1 & 2 & 1 \\ -1 & 1 & 2 \end{pmatrix}$ のスペクトル分解，A^n，e^{tA} を求めよ．

(4) $A=\begin{pmatrix} 2 & 2 & 1 \\ -1 & 5 & 1 \\ 2 & -4 & 1 \end{pmatrix}$ のスペクトル分解，A^n，e^{tA} を求めよ．

② 以下の行列 A について，A^n，e^{tA} を求めよ．

(1) $A=\begin{pmatrix} 4 & 1 & 0 \\ -1 & 2 & 0 \\ 1 & 1 & 3 \end{pmatrix}$ (2) $A=\begin{pmatrix} 1 & 0 & -2 \\ 2 & 3 & 2 \\ -2 & 0 & 1 \end{pmatrix}$

(3) $A=\begin{pmatrix} \alpha & 0 & 0 \\ 0 & \alpha & 0 \\ 0 & 0 & \alpha \end{pmatrix}$ (4) $A=\begin{pmatrix} \alpha & 1 & 0 \\ 0 & \alpha & 1 \\ 0 & 0 & \alpha \end{pmatrix}$

(5) $A=\begin{pmatrix} \alpha & 1 & 0 \\ 0 & \alpha & 0 \\ 0 & 0 & \alpha \end{pmatrix}$

(6) $A=\begin{pmatrix} \alpha & 1 & 0 \\ 0 & \alpha & 0 \\ 0 & 0 & \beta \end{pmatrix}$ $(\alpha \neq \beta)$

答え

やってみましょうの答え

① $f_A(x)=(x+1)(x-3)$，$\alpha=-\boxed{1}$，$\beta=\boxed{3}$

$$P=\frac{A-\boxed{3}E}{-\boxed{1}-\boxed{3}}=-\frac{1}{\boxed{4}}\begin{pmatrix} \boxed{-1} & 1 \\ 3 & \boxed{-3} \end{pmatrix},\quad Q=\frac{A+E}{\boxed{3}\boxed{+1}}=\frac{1}{\boxed{4}}\begin{pmatrix} \boxed{3} & 1 \\ 3 & \boxed{1} \end{pmatrix}$$

よって $A=(-\boxed{1})P+\boxed{3}Q$

$$A^n=(-\boxed{1})^nP+\boxed{3}Q=(-1)^n\left(-\frac{1}{\boxed{4}}\right)\begin{pmatrix} \boxed{3} & 1 \\ 3 & \boxed{1} \end{pmatrix}+3^n\left(\frac{1}{\boxed{4}}\right)\begin{pmatrix} \boxed{3} & 1 \\ 3 & \boxed{1} \end{pmatrix}$$

$$e^{tA}=e^{\boxed{-t}}\left(-\frac{1}{\boxed{4}}\right)\begin{pmatrix} \boxed{-1} & 1 \\ 3 & \boxed{-3} \end{pmatrix}+e^{\boxed{3t}}\left(\frac{1}{\boxed{4}}\right)\begin{pmatrix} \boxed{3} & 1 \\ 3 & \boxed{1} \end{pmatrix}$$

$$\begin{pmatrix} x(t) \\ y(t) \end{pmatrix}=e^{\boxed{-t}}\left(-\frac{1}{\boxed{4}}\right)\begin{pmatrix} \boxed{-1} & 1 \\ 3 & \boxed{-3} \end{pmatrix}\begin{pmatrix} 2 \\ 1 \end{pmatrix}+e^{\boxed{3t}}\left(-\frac{1}{\boxed{4}}\right)\begin{pmatrix} \boxed{3} & 1 \\ 3 & \boxed{1} \end{pmatrix}\begin{pmatrix} 2 \\ 1 \end{pmatrix}$$

② $f_A(x)=(x+1)(x+2)(x-4)$ $\alpha=-\boxed{2}$，$\beta=-1$，$\gamma=\boxed{4}$

$$A+2E=\begin{pmatrix} \boxed{2} & -1 & 1 \\ 6 & \boxed{0} & 6 \\ 4 & 1 & \boxed{5} \end{pmatrix},\ A+E=\begin{pmatrix} 1 & -1 & 1 \\ 6 & -1 & 6 \\ 4 & 1 & 4 \end{pmatrix},\ A-4E=\begin{pmatrix} \boxed{-4} & -1 & 1 \\ 6 & \boxed{-6} & 6 \\ 4 & 1 & \boxed{-1} \end{pmatrix}$$

$$P=\frac{(A+E)(A-\boxed{4}E)}{(-\boxed{2}\boxed{+1})(-\boxed{2}-\boxed{4})}=\begin{pmatrix}\boxed{-1} & \boxed{1} & \boxed{-1}\\ \boxed{-1} & \boxed{1} & \boxed{-1}\\ \boxed{1} & \boxed{-1} & \boxed{1}\end{pmatrix}$$

$$Q=\frac{(A+\boxed{2}E)(A-\boxed{4}E)}{(-1\boxed{+2})(-1-\boxed{4})}=\left(\boxed{\begin{matrix}2 & -1 & 1\\ 0 & 0 & 0\\ -2 & 1 & -1\end{matrix}}\right)$$

$$R=\frac{(A+E)(A+\boxed{2}E)}{(\boxed{4}+1)(\boxed{4}+\boxed{2})}=\left(\boxed{\begin{matrix}0 & 0 & 0\\ 1 & 0 & 1\\ 1 & 0 & 1\end{matrix}}\right)$$

つまり

$$A=(-\boxed{2})\left(\boxed{\begin{matrix}-1 & 1 & -1\\ -1 & 1 & -1\\ 1 & -1 & 1\end{matrix}}\right)+(-1)\left(\boxed{\begin{matrix}2 & -1 & 1\\ 0 & 0 & 0\\ -2 & 1 & -1\end{matrix}}\right)+\boxed{4}\left(\boxed{\begin{matrix}0 & 0 & 0\\ 1 & 0 & 1\\ 1 & 0 & 1\end{matrix}}\right)$$

となり

$$A^n=(-\boxed{2})^n\left(\boxed{\begin{matrix}-1 & 1 & -1\\ -1 & 1 & -1\\ 1 & -1 & 1\end{matrix}}\right)+(-1)^n\left(\boxed{\begin{matrix}2 & -1 & 1\\ 0 & 0 & 0\\ -2 & 1 & -1\end{matrix}}\right)+\boxed{4}^n\left(\boxed{\begin{matrix}0 & 0 & 0\\ 1 & 0 & 1\\ 1 & 0 & 1\end{matrix}}\right)$$

$$e^{tA}=e^{\boxed{-2t}}\left(\boxed{\begin{matrix}-1 & 1 & -1\\ -1 & 1 & -1\\ 1 & -1 & 1\end{matrix}}\right)+e^{\boxed{-t}}\left(\boxed{\begin{matrix}2 & -1 & 1\\ 0 & 0 & 0\\ -2 & 1 & -1\end{matrix}}\right)+e^{\boxed{4t}}\left(\boxed{\begin{matrix}0 & 0 & 0\\ 1 & 0 & 1\\ 1 & 0 & 1\end{matrix}}\right)$$

$$\begin{pmatrix}a_n\\ b_n\\ c_n\end{pmatrix}=(-\boxed{2})^n\left(\boxed{\begin{matrix}-1 & 1 & -1\\ -1 & 1 & -1\\ 1 & -1 & 1\end{matrix}}\right)\begin{pmatrix}1\\ 1\\ 2\end{pmatrix}+(-1)^n\left(\boxed{\begin{matrix}2 & -1 & 1\\ 0 & 0 & 0\\ -2 & 1 & -1\end{matrix}}\right)\begin{pmatrix}1\\ 1\\ 2\end{pmatrix}$$

$$+\boxed{4}^n\left(\boxed{\begin{matrix}0 & 0 & 0\\ 1 & 0 & 1\\ 1 & 0 & 1\end{matrix}}\right)\begin{pmatrix}1\\ 1\\ 2\end{pmatrix}$$

③ $f_A(x)=|xE-A|=\boxed{(x-3)^3}$ より固有値 $\boxed{3}$ は 3 重解.

$$A^n=(\boxed{3E+A-3E})^n=\boxed{3^n}E+\boxed{n3^{n-1}}(A-3E)+\boxed{\frac{n(n-1)}{2}}\boxed{3^{n-2}}(A-3E)^2$$

練習問題の答え

① (1) 固有値は 3 と −2

$P=\dfrac{A+2E}{3+2}=\left(\dfrac{1}{5}\right)\begin{pmatrix}4 & 2\\ 2 & 1\end{pmatrix}$，よって固有値 3 に対する固有ベクトル $\begin{pmatrix}2\\1\end{pmatrix}$

$Q=\dfrac{A-3E}{3+2}=\left(\dfrac{1}{5}\right)\begin{pmatrix}1 & -2\\ -2 & 4\end{pmatrix}$，固有値 -2 に対する固有ベクトル $\begin{pmatrix}1\\-2\end{pmatrix}$

スペクトル分解　$A=3P+(-2)Q$，$A^n=3^nP+(-2)^nQ$，$e^{tA}=e^{3y}P+e^{-2t}Q$

$\begin{pmatrix}a_n\\b_n\end{pmatrix}=(3^nP+(-2)^nQ)\begin{pmatrix}1\\2\end{pmatrix}$，$\begin{pmatrix}x(t)\\y(t)\end{pmatrix}=(e^{3t}P+e^{-2t}Q)\begin{pmatrix}1\\2\end{pmatrix}$

(2)　固有値は 1，3，5

$P=\dfrac{(A-3E)(A-5E)}{(1-3)(1-5)}=\left(\dfrac{1}{2}\right)\begin{pmatrix}1 & -1 & 1\\ 0 & 0 & 0\\ 1 & -1 & 1\end{pmatrix}$，固有値 1 に対する固有ベクトル $\begin{pmatrix}1\\0\\1\end{pmatrix}$

$Q=\dfrac{(A-E)(A-5E)}{(3-1)(3-5)}=\left(\dfrac{1}{2}\right)\begin{pmatrix}1 & 1 & -1\\ 1 & 1 & -1\\ 0 & 0 & 0\end{pmatrix}$，固有値 3 に対する固有ベクトル $\begin{pmatrix}1\\1\\0\end{pmatrix}$

$R=\dfrac{(A-E)(A-3E)}{(5-1)(5-3)}=\left(\dfrac{1}{2}\right)\begin{pmatrix}0 & 0 & 0\\ -1 & 1 & 1\\ -1 & 1 & 1\end{pmatrix}$，固有値 5 に対する固有ベクトル $\begin{pmatrix}0\\1\\1\end{pmatrix}$

スペクトル分解　$A=P+3Q+5R$，$A^n=P+3^nQ+5^nR$，$e^{tA}=e^tP+e^{3t}Q+e^{5t}R$

$\begin{pmatrix}a_n\\b_n\\c_n\end{pmatrix}=(P+3^nQ+5^nR)\begin{pmatrix}1\\2\\5\end{pmatrix}$，$\begin{pmatrix}x(t)\\y(t)\\z(t)\end{pmatrix}=(e^tP+e^{3t}Q+e^{5t}R)\begin{pmatrix}1\\2\\5\end{pmatrix}$

(3)　固有値は 1，2，5

$P=\dfrac{(A-2E)(A-5E)}{(1-2)(1-5)}=\left(\dfrac{1}{2}\right)\begin{pmatrix}0 & 0 & 0\\ 0 & 1 & -1\\ 0 & -1 & 1\end{pmatrix}$，固有値 1 に対する固有ベクトル $\begin{pmatrix}0\\1\\-1\end{pmatrix}$

$Q=\dfrac{(A-E)(A-5E)}{(2-1)(2-5)}=\left(\dfrac{1}{3}\right)\begin{pmatrix}1 & 1 & 1\\ 1 & 1 & 1\\ 1 & 1 & 1\end{pmatrix}$，固有値 2 に対する固有ベクトル $\begin{pmatrix}1\\1\\1\end{pmatrix}$

$R=\dfrac{(A-E)(A-2E)}{(5-1)(5-2)}=\left(\dfrac{1}{6}\right)\begin{pmatrix}4 & -2 & -2\\ -2 & 1 & 1\\ -2 & 1 & 1\end{pmatrix}$，固有値 3 に対する固有ベクトル $\begin{pmatrix}-2\\1\\1\end{pmatrix}$

スペクトル分解　$A=P+2Q+5R$，$A^n=P+2^nQ+5^nR$，$e^{tA}=e^tP+e^{2t}Q+e^{5t}R$

(4)　固有値は 2，3 (2 重解) で $(A-2E)(A-3E)=0$ がわかり対角化可能，スペクトル分解可能

$P=\dfrac{A-3E}{2-3}=\begin{pmatrix}1 & -2 & -1\\ 1 & -2 & -1\\ -2 & 4 & 2\end{pmatrix}$，固有値 2 に対する固有ベクトル $\begin{pmatrix}1\\1\\-2\end{pmatrix}$

$Q=\dfrac{A-2E}{3-2}=\begin{pmatrix}0 & 2 & 1\\ -1 & 3 & 1\\ 2 & -4 & -1\end{pmatrix}$，固有値 3 に対する固有ベクトル $\begin{pmatrix}0\\-1\\2\end{pmatrix}$ と $\begin{pmatrix}2\\3\\-4\end{pmatrix}$

スペクトル分解　$A=2P+3Q$，$A^n=2^nP+3^nQ$，$e^{tA}=e^{2t}P+e^{3t}Q$

② (1) 固有値は3のみ（3重解）

よって　ケーリー・ハミルトンの定理より　$(A-3E)^3=O$ が成立するが，本問では $(A-3E)^2=O$ であることもわかる．

$A^n=(3E+(A-3E))^n=(3E)^n+n(3E)^{n-1}(A-3E)+O+\cdots=3^nE+n3^{n-1}(A-3E)$

$e^{tA}=e^{3t}e^{t(A-3E)}=e^{3t}(E+t(A-3E))$

(2) 固有値は -1 と3（2重解）

$\dfrac{1}{(x+1)(x-3)^2}$ を部分分数分解して $\dfrac{1}{(x+1)(x-3)^2}=\dfrac{c}{x+1}+\dfrac{a(x-3)+b}{(x-3)^2}$ とおいて a，b，c を求めると，$\dfrac{1}{(x+1)(x-3)^2}=\dfrac{\frac{1}{16}}{x+1}+\dfrac{\frac{1}{4}}{(x-3)}+\dfrac{\frac{-1}{16}}{(x-3)^2}$，$1=\dfrac{1}{16}(x-3)^2+\left(\dfrac{1}{4}(x+1)-\dfrac{1}{16}(x+1)(x-3)\right)$

つまり，$P=\dfrac{1}{4}(A+E)-\dfrac{1}{16}(A+E)(A-3E)$，$Q=\dfrac{1}{16}(A-3E)^2$

$A^n=A^nP+A^nQ=(A-3E+3E)^nP+(A+E-E)^nQ=(3^n+n3^{n-1}(A-3E))P+(-1)^nQ$

$e^{tA}=e^{tA}P+e^{tA}Q=e^{3t}(E+t(A-3E))P+e^{-t}Q$

(3) 固有値は α（3重解），固有空間 $\boldsymbol{R}^3$ つまり，すべてのベクトルが固有ベクトル $A=\alpha E$ で $A^n=\alpha^nE$，$e^{tA}=e^{\alpha t}E$

(4) 固有値は　α（3重解）ケーリー・ハミルトンの定理より，$(A-\alpha E)^3=O$，また，この場合は $(A-\alpha E)^2\neq O$ がわかるので

$$A^n=(\alpha E+(A-\alpha E))^n=\alpha^nE+n\alpha^{n-1}(A-\alpha E)+\frac{n(n-1)}{2}\alpha^{n-2}(A-\alpha E)^2=\begin{pmatrix}\alpha^n & n\alpha^{n-1} & \frac{n(n-1)}{2}\alpha^{n-2}\\ 0 & \alpha^n & n\alpha^{n-1}\\ 0 & 0 & \alpha^n\end{pmatrix}$$

$$e^{tA}=e^{\alpha t}e^{t(A-\alpha E)}=e^{\alpha t}\left(E+t(A-\alpha E)+\frac{t^2}{2}(A-\alpha E)^2\right)=\begin{pmatrix}e^{\alpha t} & te^{\alpha t} & \frac{t^2}{2}e^{\alpha t}\\ 0 & e^{\alpha t} & te^{\alpha t}\\ 0 & 0 & e^{\alpha t}\end{pmatrix}$$

(5) 固有値は　α（3重解）ケーリーハミルトンの定理より，$(A-\alpha E)^3=0$，また，この場合は $(A-\alpha E)^2=0$ がわかるので

$$A^n=(\alpha E+(A-\alpha E))^n=\alpha^nE+n\alpha^{n-1}(A-\alpha E)=\begin{pmatrix}\alpha^n & n\alpha^{n-1} & 0\\ 0 & \alpha^n & 0\\ 0 & 0 & \alpha^n\end{pmatrix}$$

$$e^{tA}=e^{\alpha t}e^{t(A-\alpha E)}=e^{\alpha t}(E+t(A-\alpha E))=\begin{pmatrix}e^{\alpha t} & te^{\alpha t} & 0\\ 0 & e^{\alpha t} & 0\\ 0 & 0 & e^{\alpha t}\end{pmatrix}$$

(6) 固有値は　α（2重解），β

$$A^n=\begin{pmatrix}\alpha^n & n\alpha^{n-1} & 0\\ 0 & \alpha^n & 0\\ 0 & 0 & \beta^n\end{pmatrix},\quad e^{tA}=\begin{pmatrix}e^{\alpha t} & te^{\alpha t} & 0\\ 0 & e^{\alpha t} & 0\\ 0 & 0 & e^{\beta t}\end{pmatrix}$$

16 2次形式

定義と公式・1

多変数の 2 次関数は 2 次形式と呼ばれ，対称行列を用いて表されいろいろな応用があります．

$$(x\quad y\quad z)\begin{pmatrix} a & b & c \\ d & e & f \\ g & h & i \end{pmatrix}\begin{pmatrix} x \\ y \\ z \end{pmatrix}$$
$$=ax^2+ey^2+iz^2+(b+d)xy+(f+h)yz+(c+g)xz$$

となり，逆に

$$ax^2+by^2+cz^2+2dxy+2eyz+2fzx$$
$$=(x\quad y\quad z)\begin{pmatrix} a & d & f \\ d & b & e \\ f & e & c \end{pmatrix}\begin{pmatrix} x \\ y \\ z \end{pmatrix}$$

と実対称行列 $\begin{pmatrix} a & d & f \\ d & b & e \\ f & e & c \end{pmatrix}$ を用いて表されます．

一般に $\boldsymbol{x}\in\boldsymbol{R}^n$，$A$：実対称 $n\times n$ 行列とするとき，${}^t\boldsymbol{x}A\boldsymbol{x}$ を 2 次形式と呼びます．
実対称行列 A は直交行列 P を用いて対角化できますので

$${}^tPAP=\begin{pmatrix} \lambda_1 & 0 & 0 \\ 0 & \lambda_2 & 0 \\ 0 & 0 & \lambda_3 \end{pmatrix}\quad (\lambda_i \text{ は固有値})$$

とできます．すると，

$${}^t\boldsymbol{x}A\boldsymbol{x}={}^t\boldsymbol{x}({}^tP^{-1}){}^tPAP(P^{-1}\boldsymbol{x})={}^t\boldsymbol{y}\begin{pmatrix} \lambda_1 & 0 & 0 \\ 0 & \lambda_2 & 0 \\ 0 & 0 & \lambda_3 \end{pmatrix}\boldsymbol{y}=\lambda_1{y_1}^2+\lambda_2{y_2}^2+\lambda_3{y_3}^2$$

ここで，$\boldsymbol{y}=P^{-1}\boldsymbol{x}$.

零ベクトルでないすべての $\boldsymbol{x}\in\boldsymbol{R}^n$ に対して常に ${}^t\boldsymbol{x}A\boldsymbol{x}>0$ のとき，２次形式 ${}^t\boldsymbol{x}A\boldsymbol{x}$ を正定値２次形式といいます．

直交行列による対角化と，

$$ax^2+by^2+cz^2+2dxy+2eyz+2fzx$$
$$=a\left(x+\frac{d}{a}y+\frac{f}{a}z\right)^2+\frac{ab-d^2}{a}\left(y+\frac{ae-df}{ab-d^2}z\right)^2$$
$$+\frac{|A|}{ab-d^2}z^2$$ と変形できるからです．

すると，

${}^t\boldsymbol{x}A\boldsymbol{x}$ が正定値２次形式

$\Longleftrightarrow$ 固有値 λ_1，λ_2，λ_3 がすべて正

$\Longleftrightarrow$

$$a>0,\ \begin{vmatrix} a & d \\ d & b \end{vmatrix}>0\ ;\ |A|=\begin{vmatrix} a & d & f \\ d & b & e \\ f & e & c \end{vmatrix}>0$$

が成立します．

また，${}^t\boldsymbol{x}A\boldsymbol{x}<0$ のとき負定値，正・負のいずれの値もとり得るとき不定値といいます．

c を正の定数として，２変数の２次形式 ${}^t\boldsymbol{x}A\boldsymbol{x}=c$ が表す図形は曲線で，楕円（A が正定値）あるいは，双曲線（A が不定値）のいずれかになります（A が負定値のときは空集合）．

３変数の２次形式 ${}^t\boldsymbol{x}A\boldsymbol{x}=c$ が表す図形は，楕円面（A が正定値）あるいは，１葉双曲面，２葉双曲面（A が不定値）のいずれかになります．

いずれも直交行列 P による対角化で標準形に座標変換すればよいのです．

公式の使い方（例）

①　次の２次形式を ${}^t\boldsymbol{x}A\boldsymbol{x}$ の形に表しましょう．

$x^2+y^2+2z^2-2xy+6yz-4zx$

$$(x\quad y\quad z)\begin{pmatrix} 1 & -1 & 3 \\ -1 & 1 & -2 \\ 3 & -2 & 2 \end{pmatrix}\begin{pmatrix} x \\ y \\ z \end{pmatrix}$$

②　$(x\quad y\quad z)\begin{pmatrix} 1 & 5 & -3 \\ 5 & 2 & -1 \\ -3 & -1 & 3 \end{pmatrix}\begin{pmatrix} x \\ y \\ z \end{pmatrix}$ を求めましょう．

$x^2+2y^2+3z^2+10xy-2yz-6zx$

③

$$(x\quad y\quad z)\begin{pmatrix} 2 & 0 & -1 \\ 0 & 2 & -1 \\ -1 & -1 & 3 \end{pmatrix}\begin{pmatrix} x \\ y \\ z \end{pmatrix}$$

を変換

$$\begin{pmatrix} x' \\ y' \\ z' \end{pmatrix} = Q \begin{pmatrix} x \\ y \\ z \end{pmatrix} \quad (Q\text{ は直交行列})$$

によって $\lambda_1 x'^2 + \lambda_2 y'^2 + \lambda_3 z'^2$ の形に直しましょう．
前の問題より，

$$P = \begin{pmatrix} \frac{1}{\sqrt{3}} & \frac{-1}{\sqrt{2}} & \frac{1}{\sqrt{6}} \\ \frac{1}{\sqrt{3}} & \frac{1}{\sqrt{2}} & \frac{1}{\sqrt{6}} \\ \frac{1}{\sqrt{3}} & 0 & \frac{-2}{\sqrt{6}} \end{pmatrix} \text{とすると，} {}^tPAP = \begin{pmatrix} 1 & 0 & 0 \\ 0 & 2 & 0 \\ 0 & 0 & 4 \end{pmatrix}$$

となり，つまり，

$$Q = P^{-1} = {}^tP = \begin{pmatrix} \frac{1}{\sqrt{3}} & \frac{1}{\sqrt{3}} & \frac{1}{\sqrt{3}} \\ \frac{-1}{\sqrt{2}} & \frac{1}{\sqrt{2}} & 0 \\ \frac{1}{\sqrt{6}} & \frac{1}{\sqrt{6}} & \frac{-2}{\sqrt{6}} \end{pmatrix}$$

とおき，

$$\begin{pmatrix} x' \\ y' \\ z' \end{pmatrix} = Q \begin{pmatrix} x \\ y \\ z \end{pmatrix}$$

とすると，

$${}^t\boldsymbol{x}A\boldsymbol{x} = x'^2 + 2y'^2 + 4z'^2$$

となります．これより，$2x^2+2y^2+3z^2-2yz-2zx=1$ の表す図形は，$x'^2+2y'^2+4z'^2=1$ となり，楕円面であることがわかります．

$$x'\begin{pmatrix}\frac{1}{\sqrt{3}}\\\frac{1}{\sqrt{3}}\\\frac{1}{\sqrt{3}}\end{pmatrix}+y'\begin{pmatrix}\frac{-1}{\sqrt{2}}\\\frac{1}{\sqrt{2}}\\0\end{pmatrix}+z'\begin{pmatrix}\frac{1}{\sqrt{6}}\\\frac{1}{\sqrt{6}}\\\frac{-2}{\sqrt{6}}\end{pmatrix}=x\begin{pmatrix}1\\0\\0\end{pmatrix}+y\begin{pmatrix}0\\1\\0\end{pmatrix}+z\begin{pmatrix}0\\0\\1\end{pmatrix}$$

となり，

$$\begin{pmatrix}\frac{1}{\sqrt{3}}\\\frac{1}{\sqrt{3}}\\\frac{1}{\sqrt{3}}\end{pmatrix}=\boldsymbol{e}'_1\,;\ \begin{pmatrix}\frac{-1}{\sqrt{2}}\\\frac{1}{\sqrt{2}}\\0\end{pmatrix}=\boldsymbol{e}'_2\,;\ \begin{pmatrix}\frac{1}{\sqrt{6}}\\\frac{1}{\sqrt{6}}\\\frac{-2}{\sqrt{6}}\end{pmatrix}=\boldsymbol{e}'_3$$

は正規直交基底をなすので，$\boldsymbol{e}'_1$，$\boldsymbol{e}'_2$，$\boldsymbol{e}'_3$ をそれぞれ x'，y'，z' 軸にとりなおします．

④　次の 2 次形式は正定値，負定値，不定値のいずれでしょうか．

(1)　${}^t x\begin{pmatrix}1&3&2\\3&5&-1\\2&-1&1\end{pmatrix}x$　(2)　${}^t x\begin{pmatrix}2&1&-1\\1&1&-2\\-1&-2&8\end{pmatrix}x$　(3)　${}^t x\begin{pmatrix}-1&1&1\\1&-6&0\\1&0&-2\end{pmatrix}x$

(1)　$1>0\,;\begin{vmatrix}1&3\\3&5\end{vmatrix}=5-9=-4<0$ より不定値です．

(2)　$2>0\,;\begin{vmatrix}2&1\\1&1\end{vmatrix}=2-1=1>0\,;\begin{vmatrix}2&1&-1\\1&1&-2\\-1&-2&8\end{vmatrix}=16+2+2-1-8-8=3>0$ より正定値です．

(3)　$-1<0\,;\begin{vmatrix}-1&1\\1&-6\end{vmatrix}=6-1=5>0\,;\begin{vmatrix}-1&1&1\\1&-6&0\\1&0&-2\end{vmatrix}=-12+6+2=-4<0$ より負定値

($\because {}^t\boldsymbol{x}A\boldsymbol{x}$ が負定値 $\Longleftrightarrow$ ${}^t\boldsymbol{x}(-A)\boldsymbol{x}$ が正定値)．

⑤

$x^2-xy+y^2=1$ はどのような図形を表すでしょうか．

$$(x\quad y)\begin{pmatrix}1&-\frac{1}{2}\\-\frac{1}{2}&1\end{pmatrix}\begin{pmatrix}x\\y\end{pmatrix}=1$$

$A=\begin{pmatrix} 1 & -\frac{1}{2} \\ -\frac{1}{2} & 1 \end{pmatrix}$ の固有値は

$$f_A(x)=|xE-A|=(x-1)^2-\left(\frac{1}{2}\right)^2=\left(x-\frac{1}{2}\right)\left(x-\frac{3}{2}\right)$$ より $\frac{1}{2}$ と $\frac{3}{2}$.

ゆえに

$$P=\begin{pmatrix} \frac{1}{\sqrt{2}} & -\frac{1}{\sqrt{2}} \\ \frac{1}{\sqrt{2}} & \frac{1}{\sqrt{2}} \end{pmatrix}$$

とおくと

$$^tP\begin{pmatrix} 1 & -\frac{1}{2} \\ -\frac{1}{2} & 1 \end{pmatrix}P=\begin{pmatrix} \frac{1}{2} & 0 \\ 0 & \frac{3}{2} \end{pmatrix}$$

よって

$$^t\boldsymbol{x}\begin{pmatrix} 1 & -\frac{1}{2} \\ -\frac{1}{2} & 1 \end{pmatrix}\boldsymbol{x}={}^t\boldsymbol{x}(^tP)^{-1}\begin{pmatrix} \frac{1}{2} & 0 \\ 0 & \frac{3}{2} \end{pmatrix}P^{-1}\boldsymbol{x}$$

ゆえに $\begin{pmatrix} x' \\ y' \end{pmatrix}=\boldsymbol{y}=P^{-1}\boldsymbol{x}=\begin{pmatrix} \frac{1}{\sqrt{2}} & \frac{1}{\sqrt{2}} \\ -\frac{1}{\sqrt{2}} & \frac{1}{\sqrt{2}} \end{pmatrix}\boldsymbol{x}$ とおくと

$$x'\begin{pmatrix} \frac{1}{\sqrt{2}} \\ \frac{1}{\sqrt{2}} \end{pmatrix}+y'\begin{pmatrix} -\frac{1}{\sqrt{2}} \\ \frac{1}{\sqrt{2}} \end{pmatrix}=x\begin{pmatrix} 1 \\ 0 \end{pmatrix}+y\begin{pmatrix} 0 \\ 1 \end{pmatrix}=\begin{pmatrix} x \\ y \end{pmatrix}$$

であり，$x-y$ 座標を $x'-y'$ 座標上変換したものになります．$x'-y'$ 座標で $\frac{1}{2}x'^2+\frac{3}{2}y'^2=1$,

つまり，$\dfrac{x'^2}{(\sqrt{2})^2}+\dfrac{y'^2}{\left(\sqrt{\dfrac{2}{3}}\right)^2}=1$ であり，楕円$\left(\text{長軸の長さ } 2\sqrt{2}\text{，短軸の長さ } 2\sqrt{\dfrac{2}{3}}\right)$です．

やってみましょう

① 次の 2 次形式を ${}^t xAx$ の形に表しましょう．

$$x^2+y^2-z^2-xy+4yz$$

$$(x \quad y \quad z)\begin{pmatrix} \quad & \quad & \quad \\ & & \\ & & \end{pmatrix}\begin{pmatrix} x \\ y \\ z \end{pmatrix}$$

② $(x \quad y \quad z)\begin{pmatrix} 1 & 1 & -1 \\ 1 & 1 & -3 \\ -1 & -3 & 2 \end{pmatrix}\begin{pmatrix} x \\ y \\ z \end{pmatrix}$ を求めましょう．

$$\boxed{}\,x^2\,\boxed{}\,y^2\,\boxed{}\,z^2\,\boxed{}\,xy\,\boxed{}\,yz\,\boxed{}\,zx$$

③

$$(x \quad y \quad z)\begin{pmatrix} -1 & 0 & 2 \\ 0 & -1 & 2 \\ 2 & 2 & -3 \end{pmatrix}\begin{pmatrix} x \\ y \\ z \end{pmatrix}$$

を変換

$$\begin{pmatrix} x' \\ y' \\ z' \end{pmatrix}=Q\begin{pmatrix} x \\ y \\ z \end{pmatrix} \quad (Q \text{ は直交行列})$$

によって $\lambda_1 x'^2+\lambda_2 y'^2+\lambda_3 z'^2$ の形に表しましょう．

前の結果より，

$$P=\begin{pmatrix} \frac{1}{\sqrt{6}} & \frac{-1}{\sqrt{2}} & \frac{1}{\sqrt{3}} \\ \frac{1}{\sqrt{6}} & \frac{1}{\sqrt{2}} & \frac{1}{\sqrt{3}} \\ \frac{-2}{\sqrt{6}} & 0 & \frac{1}{\sqrt{3}} \end{pmatrix}$$ とおくと，

$${}^tPAP=\begin{pmatrix} \square & 0 & 0 \\ 0 & \square & 0 \\ 0 & 0 & \square \end{pmatrix}$$

よって，

$$\begin{pmatrix} x' \\ y' \\ z' \end{pmatrix}=P^{-1}\begin{pmatrix} x \\ y \\ z \end{pmatrix}$$

とおくと，

$$\begin{aligned} &(x \quad y \quad z)\begin{pmatrix} -1 & 0 & 2 \\ 0 & -1 & 2 \\ 2 & 2 & -3 \end{pmatrix}\begin{pmatrix} x \\ y \\ z \end{pmatrix} \\ &=(x \quad y \quad z)({}^tP)^{-1}\begin{pmatrix} \square & 0 & 0 \\ 0 & \square & 0 \\ 0 & 0 & \square \end{pmatrix}P^{-1}\begin{pmatrix} x \\ y \\ z \end{pmatrix} \\ &=(x' \quad y' \quad z')\begin{pmatrix} \square & 0 & 0 \\ 0 & \square & 0 \\ 0 & 0 & \square \end{pmatrix}\begin{pmatrix} x' \\ y' \\ z' \end{pmatrix} \\ &=\square\, x'^2 \,\square\, y'^2 \,\square\, z'^2 \end{aligned}$$

ここで，

$$\begin{pmatrix} x' \\ y' \\ z' \end{pmatrix} = P^{-1}\begin{pmatrix} x \\ y \\ z \end{pmatrix} = {}^tP\begin{pmatrix} x \\ y \\ z \end{pmatrix} = \begin{pmatrix} \frac{1}{\sqrt{6}} & \frac{1}{\sqrt{6}} & \frac{-2}{\sqrt{6}} \\ \frac{-1}{\sqrt{2}} & \frac{1}{\sqrt{2}} & 0 \\ \frac{1}{\sqrt{3}} & \frac{1}{\sqrt{3}} & \frac{1}{\sqrt{3}} \end{pmatrix}\begin{pmatrix} x' \\ y' \\ z' \end{pmatrix}$$

④　次の 2 次形式は正定値であるための実数 a の範囲を求めましょう．

$$(x \quad y \quad z)\begin{pmatrix} 1 & a & -1 \\ a & 4 & -2 \\ -1 & -2 & 4 \end{pmatrix}\begin{pmatrix} x \\ y \\ z \end{pmatrix}$$

求める条件は

$$1>0\ ;\ \begin{vmatrix} 1 & a \\ a & 4 \end{vmatrix}>0\ ;\ \begin{vmatrix} 1 & a & -1 \\ a & 4 & -2 \\ -1 & -2 & 4 \end{vmatrix}>0$$

$\begin{vmatrix} 1 & a \\ a & 4 \end{vmatrix} = \boxed{\quad} > 0$ より，$\boxed{\quad}$

$\begin{vmatrix} 1 & a & -1 \\ a & 4 & -2 \\ -1 & -2 & 4 \end{vmatrix} = \boxed{\quad} > 0$ より，$\boxed{\quad} < 0$

よって

$\boxed{\quad}$

あわせて，求める a の範囲は $\boxed{\quad}$．

⑤

(1)　$x^2-6\sqrt{3}xy-5y^2=1$ はどのような図形を表すでしょうか．

(2)　$-x^2-y^2-3z^2+4xz+4yz=1$ はどのような図形を表すでしょうか．

(1)

$$(x \quad y)\begin{pmatrix} 1 & \boxed{\quad} \\ \boxed{\quad} & -5 \end{pmatrix}\begin{pmatrix} x \\ y \end{pmatrix} = 1$$

まず，$A=\begin{pmatrix} 1 & \square \\ \square & -5 \end{pmatrix}$ を対角化します．

$$f_A(x)=|xE-A|=\begin{vmatrix} x-1 & \square \\ \square & x+5 \end{vmatrix}=(x-1)(x+5)-\square$$

$$=\square=(x\ \square)(x\ \square)$$

よって固有値は □ と □．

固有値が -8 のとき，$\begin{pmatrix} 1 \\ \square \end{pmatrix}$ を正規化して固有値 -8 に対する固有ベクトルは

$$\begin{pmatrix} \square \\ \square \end{pmatrix}$$

固有値が □ のとき，

$\begin{pmatrix} \square \end{pmatrix}$ を正規化して固有値 □ に対する固有ベクトルは $\begin{pmatrix} \square \\ \square \end{pmatrix}$

$$\therefore P=\begin{pmatrix} \square \end{pmatrix}$$ とおくと，

$$\therefore (x \quad y)({}^tP)^{-1}\begin{pmatrix} \square & 0 \\ 0 & \square \end{pmatrix}P^{-1}\begin{pmatrix} x \\ y \end{pmatrix}=1$$

ここで，

$$\begin{pmatrix} x' \\ y' \end{pmatrix} = P^{-1}\begin{pmatrix} x \\ y \end{pmatrix} = {}^{t}P\begin{pmatrix} x \\ y \end{pmatrix} = \begin{pmatrix} \square & \square \\ \square & \square \end{pmatrix}\begin{pmatrix} x \\ y \end{pmatrix}$$

とおくと，$\square\, x'^2 \,\square\, y'^2=1$．これは双曲線です．

> $$x'\begin{pmatrix} \dfrac{1}{2} \\ -\dfrac{\sqrt{3}}{2} \end{pmatrix} + y'\begin{pmatrix} \dfrac{\sqrt{3}}{2} \\ \dfrac{1}{2} \end{pmatrix} = \begin{pmatrix} 1 \\ 0 \end{pmatrix} + y\begin{pmatrix} 0 \\ 1 \end{pmatrix}$$
>
> より $\begin{pmatrix} \dfrac{1}{2} \\ -\dfrac{\sqrt{3}}{2} \end{pmatrix}$, $\begin{pmatrix} \dfrac{\sqrt{3}}{2} \\ \dfrac{1}{2} \end{pmatrix}$ をそれぞれ x' 軸，y' 軸となるように座標変換しましょう．

(2) $(x \quad y \quad z)\begin{pmatrix} -1 & 0 & 2 \\ 0 & -1 & 2 \\ 2 & 2 & 3 \end{pmatrix}\begin{pmatrix} x \\ y \\ z \end{pmatrix}=1$

前の結果より，

$$P=\begin{pmatrix} \dfrac{1}{\sqrt{6}} & \dfrac{-1}{\sqrt{2}} & \dfrac{1}{\sqrt{3}} \\ \dfrac{1}{\sqrt{6}} & \dfrac{1}{\sqrt{2}} & \dfrac{1}{\sqrt{3}} \\ \dfrac{-2}{\sqrt{3}} & 0 & \dfrac{1}{\sqrt{3}} \end{pmatrix} \text{とおくと，} {}^{t}PAP=\begin{pmatrix} -5 & 0 & 0 \\ 0 & -1 & 0 \\ 0 & 0 & 1 \end{pmatrix}$$

つまり，

$$\boldsymbol{x}'=\begin{pmatrix} x' \\ y' \\ z' \end{pmatrix}=P^{-1}\begin{pmatrix} x \\ y \\ z \end{pmatrix}$$

とおくと，

$${}^{t}(P\boldsymbol{x}')A(P\boldsymbol{x}')={}^{t}\boldsymbol{x}'=({}^{t}PAP)\boldsymbol{x}'$$

$$={}^{t}\boldsymbol{x}'\begin{pmatrix} -5 & 0 & 0 \\ 0 & -1 & 0 \\ 0 & 0 & 1 \end{pmatrix}\boldsymbol{x}'=-5x'^2-y'^2+z'^2$$

よって，

$$x'\begin{pmatrix} \frac{1}{\sqrt{6}} \\ \frac{1}{\sqrt{6}} \\ \frac{-2}{\sqrt{3}} \end{pmatrix} + y'\begin{pmatrix} -\frac{1}{\sqrt{2}} \\ \frac{1}{\sqrt{2}} \\ 0 \end{pmatrix} + z'\begin{pmatrix} \frac{1}{\sqrt{3}} \\ \frac{1}{\sqrt{3}} \\ \frac{1}{\sqrt{3}} \end{pmatrix} = x\begin{pmatrix} 1 \\ 0 \\ 0 \end{pmatrix} + y\begin{pmatrix} 0 \\ 1 \\ 0 \end{pmatrix} + z\begin{pmatrix} 0 \\ 0 \\ 1 \end{pmatrix}$$

より，$\begin{pmatrix} \frac{1}{\sqrt{6}} \\ \frac{1}{\sqrt{6}} \\ \frac{1}{\sqrt{6}} \end{pmatrix}$，$\begin{pmatrix} -\frac{1}{\sqrt{2}} \\ \frac{1}{\sqrt{2}} \\ 0 \end{pmatrix}$，$\begin{pmatrix} \frac{1}{\sqrt{3}} \\ \frac{1}{\sqrt{3}} \\ \frac{-2}{\sqrt{3}} \end{pmatrix}$ をそれぞれ x' 軸，y' 軸，z' 軸となるように座標変換すれば，

求める2次曲面 $\Longleftrightarrow$ $-5x'^2-y'^2+z'^2=1$

となり，2葉双曲面.

> $z'^2=1+5x'^2+y'^2\geqq 1$ より $z'\geqq 1$ または $z'\leqq -1$ と曲面の存在する部分が2つにわかれ，2つの部分は双曲面（2葉双曲面）となります.
> また，$ax'^2+by'^2+cz'^2=1$ で a，b，c のうち2つ正，1つ負なら1葉双曲面（神戸のポートタワーや鼓（つづみ）の形）となります.

練習問題

① 次を2次形式で表せ.

(1) x^2+y^2+xy　(2) $x^2+3y^2-4z^2-2xy-4xz$　(3) x^2-4yz

② (1)

$$(x \quad y \quad z)\begin{pmatrix} a & 1 & 1 \\ 1 & 1 & 1 \\ 1 & 1 & a \end{pmatrix}\begin{pmatrix} x \\ y \\ z \end{pmatrix}$$

が正定値であるための a の範囲を求めよ.

(2)

$$(x \quad y \quad z)\begin{pmatrix} a & -1 & 1 \\ -1 & -1 & 1 \\ 1 & 1 & a \end{pmatrix}\begin{pmatrix} x \\ y \\ z \end{pmatrix}$$

が負定値であるための a の範囲を求めよ.

③　次の方程式はどのような図形を表すか．

(1) $4x^2+2\sqrt{5}xy+8y^2=1$　(2) $x^2+4xy-3y^2=1$　(3) $3x^2+3y^2+3z^2+2xz=1$

(4) $3x^2+2y^2+z^2+4xy+4yz=1$　(5) $xy+yz+zx=1$

答え

やってみましょうの答え

① $(x\ \ y\ \ z)\left(\boxed{\begin{matrix} 1 & -\frac{1}{2} & 0 \\ -\frac{1}{2} & 1 & 2 \\ 0 & 2 & -0 \end{matrix}}\right)\begin{pmatrix} x \\ y \\ z \end{pmatrix}$　② $\boxed{1}x^2\boxed{+}y^2\boxed{+2}z^2\boxed{+2}xy\boxed{-6}yz\boxed{-2}zx$

③ ${}^tPAP=\begin{pmatrix} \boxed{-5} & 0 & 0 \\ 0 & \boxed{-1} & 0 \\ 0 & 0 & \boxed{1} \end{pmatrix}$

$$(x\ \ y\ \ z)\begin{pmatrix} -1 & 0 & 2 \\ 0 & -1 & 2 \\ 2 & 2 & -3 \end{pmatrix}\begin{pmatrix} x \\ y \\ z \end{pmatrix}=(x\ \ y\ \ z)({}^tP)^{-1}\begin{pmatrix} \boxed{-5} & 0 & 0 \\ 0 & \boxed{-1} & 0 \\ 0 & 0 & \boxed{1} \end{pmatrix}P^{-1}\begin{pmatrix} x \\ y \\ z \end{pmatrix}$$

$$=(x'\ \ y'\ \ z')\begin{pmatrix} \boxed{-5} & 0 & 0 \\ 0 & \boxed{-1} & 0 \\ 0 & 0 & \boxed{1} \end{pmatrix}\begin{pmatrix} x' \\ y' \\ z' \end{pmatrix}=\boxed{-5}x'^2\boxed{-}y'^2\boxed{+}z'^2$$

④ $\begin{vmatrix} 1 & a \\ a & 4 \end{vmatrix}=\boxed{4-a^2}>0$ より，$\boxed{-2<a<2}$

$\begin{vmatrix} 1 & a & -1 \\ a & 4 & -2 \\ -1 & -2 & 4 \end{vmatrix}=\boxed{16+2a+2a-4-4-4a^2}>0$ より，$\boxed{a^2-a-2}<0$.

よって　$\boxed{-1<a<2}$

よって合わせて求める a の範囲は $\boxed{-1<a<2}$.

⑤ (1) $(x\ \ y)\begin{pmatrix} 1 & \boxed{3\sqrt{3}} \\ \boxed{3\sqrt{3}} & -5 \end{pmatrix}\begin{pmatrix} x \\ y \end{pmatrix}=1$，$A=\begin{pmatrix} 1 & \boxed{3\sqrt{3}} \\ \boxed{3\sqrt{3}} & -5 \end{pmatrix}$ を対角化する．

$$f_A(x)=|xE-A|=\begin{vmatrix} x-1 & \boxed{-3\sqrt{3}} \\ \boxed{-3\sqrt{3}} & x+5 \end{vmatrix}=(x-1)(x+5)-\boxed{27}=\boxed{x^2+4x-32}=(x\boxed{+8})(x\boxed{-4})$$

固有値は $\boxed{-8}$ と $\boxed{4}$.

固有値が -8 のとき，$\begin{pmatrix} 1 \\ \boxed{-\sqrt{3}} \end{pmatrix}$ を正規化して固有値 -8 に対する固有ベクトルは $\begin{pmatrix} \boxed{\frac{1}{2}} \\ \boxed{\frac{-\sqrt{3}}{2}} \end{pmatrix}$

固有値が $\boxed{4}$ のとき，$\begin{pmatrix} \boxed{\sqrt{3}} \\ \boxed{1} \end{pmatrix}$ を正規化して固有値 $\boxed{4}$ に対する固有ベクトルは $\begin{pmatrix} \boxed{\frac{\sqrt{3}}{2}} \\ \boxed{\frac{1}{2}} \end{pmatrix}$

$P=\begin{pmatrix} \frac{1}{2} & \frac{\sqrt{3}}{2} \\ \frac{-\sqrt{3}}{2} & \frac{1}{2} \end{pmatrix}$ とおくと，$(x,\ y)({}^tP)^{-1}\begin{pmatrix} \boxed{-8} & 0 \\ 0 & \boxed{4} \end{pmatrix}P^{-1}\begin{pmatrix} x \\ y \end{pmatrix}=1$

$$\begin{pmatrix} x' \\ y' \end{pmatrix}=P^{-1}\begin{pmatrix} x \\ y \end{pmatrix}={}^tP\begin{pmatrix} x \\ y \end{pmatrix}=\begin{pmatrix} \boxed{\frac{1}{2}} & \boxed{-\frac{\sqrt{3}}{2}} \\ \boxed{\frac{\sqrt{3}}{2}} & \boxed{\frac{1}{2}} \end{pmatrix}\begin{pmatrix} x \\ y \end{pmatrix}$$

とおくと，$\boxed{-8}\,x'^2\,\boxed{+4}\,y'^2=1$．これは双曲線です．

(2)

練習問題の答え

①

(1)
$$(x \quad y)\begin{pmatrix} 1 & \frac{1}{2} \\ \frac{1}{2} & 1 \end{pmatrix}\begin{pmatrix} x \\ y \end{pmatrix}$$

(2)
$$(x \quad y \quad z)\begin{pmatrix} 1 & -1 & -2 \\ -1 & 3 & 0 \\ -2 & 0 & -4 \end{pmatrix}\begin{pmatrix} x \\ y \\ z \end{pmatrix}$$

(3)
$$(x \quad y \quad z)\begin{pmatrix} 1 & 0 & 0 \\ 0 & 0 & -2 \\ 0 & -2 & 0 \end{pmatrix}\begin{pmatrix} x \\ y \\ z \end{pmatrix}$$

② (1) $a>1$ (2) $a<-1$

③ (1) $3x'^2+9y'^2=1$ （楕円） (2) $(1-2\sqrt{2})x'^2+(1+2\sqrt{2})y'^2=1$ （双曲線）

(3) $2x'^2+3y'^2+4z'^2=1$ （楕円面） (4) $5x'^2+2y'^2-z'^2=1$ （1葉双曲面）

(5) $x'^2-\frac{1}{2}y'^2-\frac{1}{2}z'^2=1$ （2葉双曲面）

索　引

著者紹介

藤田岳彦（ふじたたかひこ）　理学博士

1978年　京都大学理学部卒業
1980年　京都大学大学院理学研究科修士課程修了
現　在　中央大学理工学部教授

石井昌宏（いしいまさひろ）　博士(商学)

1992年　一橋大学社会学部卒業
2000年　一橋大学大学院商学研究科博士課程修了
現　在　上智大学経済学部教授

NDC411　174p　26cm

穴埋め式　線形代数　らくらくワークブック

2003年 12月10日　第1刷発行
2020年 3月10日　第8刷発行

著　者　藤田　岳彦・石井　昌宏
発行者　渡瀬昌彦
発行所　株式会社　講談社
〒112-8001　東京都文京区音羽 2-12-21
販売　(03)5395-4415
業務　(03)5395-3615
編　集　株式会社　講談社サイエンティフィク
代表　矢吹俊吉
〒162-0825　東京都新宿区神楽坂 2-14　ノービィビル
編集　(03)3235-3701
印刷所　株式会社廣済堂
製本所　株式会社国宝社

落丁本・乱丁本は，購入書店名を明記のうえ，講談社業務宛にお送りください．送料小社負担にてお取り替えします．
なお，この本の内容についてのお問い合わせは講談社サイエンティフィク宛にお願いいたします．
定価はカバーに表示してあります．

ISBN4-06-153993-0